Fol V 4972 3

Saint-Pertersbourg
1912

Liapounoff, Alexandre

Sur les figures d'équilibre peu différentes des ellipsoides d'une masse liquide homogène douce d'un mouvement de

3e partie : figures d'équilibre dérivées des ellipsoides de Jacobi

Tome 3

8°V
4972

SUR LES FIGURES D'ÉQUILIBRE

PEU DIFFÉRENTES DES ELLIPSOÏDES

D'UNE MASSE LIQUIDE HOMOGÈNE

DOUÉE D'UN MOUVEMENT DE ROTATION

PAR

A. LIAPOUNOFF.

TROISIÈME PARTIE.

FIGURES D'ÉQUILIBRE DÉRIVÉES DES ELLIPSOÏDES DE JACOBI.

RECHERCHES RELATIVES À LA VITESSE ANGULAIRE ET AU MOMENT DES QUANTITÉS DE MOUVEMENT.

(Mémoire présenté à l'Académie Impériale des Sciences le 21 septembre / 4 octobre 1911).

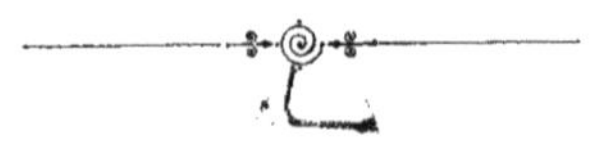

St.-PÉTERSBOURG.

IMPRIMERIE DE L'ACADÉMIE IMPÉRIALE DES SCIENCES.

Vass. Ostr., 9e ligne, № 12.

1912.

SUR LES FIGURES D'ÉQUILIBRE

141169

PEU DIFFÉRENTES DES ELLIPSOÏDES

D'UNE MASSE LIQUIDE HOMOGÈNE

DOUÉE D'UN MOUVEMENT DE ROTATION

PAR

A. LIAPOUNOFF.

TROISIÈME PARTIE.

FIGURES D'ÉQUILIBRE DÉRIVÉES DES ELLIPSOÏDES DE JACOBI.

RECHERCHES RELATIVES À LA VITESSE ANGULAIRE ET AU MOMENT DES QUANTITÉS DE MOUVEMENT.

(Mémoire présenté à l'Académie Impériale des Sciences le 21 septembre / 4 octobre 1911).

Fol. V
4972

St.-PÉTERSBOURG.
IMPRIMERIE DE L'ACADÉMIE IMPÉRIALE DES SCIENCES.
Vass. Ostr., 9e ligne, № 12.
1912.

Imprimé par ordre de l'Académie Impériale des Sciences.
Mai 1912. *S. d'Oldenburg*, Secrétaire perpétuel.

TABLE DES MATIÈRES

DE LA TROISIÈME PARTIE.

FIGURES D'ÉQUILIBRE DÉRIVÉES DES ELLIPSOÏDES DE JACOBI.

RECHERCHES RELATIVES À LA VITESSE ANGULAIRE ET AU MOMENT DES QUANTITÉS DE MOUVEMENT.

ERRATA.

Page	Ligne	*Au lieu de:*	*Lisez:*
2	3	à ces calculs,	à ces calculs-là,
39	6 (en remontant)	$E_{s,n}(\sqrt{-u})$	$E_{n,s}(\sqrt{-u})$
109	12 (en remontant)	grandes	grande
132	8 (en remontant)	$-\frac{4i+1}{2}\frac{E^2}{\Delta^2 E_{(i)}}\Psi$	$-\frac{4i+1}{2}\frac{E^2}{\Delta^2 E_{(i)}}\Psi_i,$

AVANT-PROPOS.

Je viens maintenant à l'examen des questions relatives aux figures d'équilibre dérivées des ellipsoïdes de Jacobi et analogues à celles qui ont été traitées dans la deuxième Partie de ce Travail pour les figures d'équilibre dérivées des ellipsoïdes de Maclaurin.

Je me proposais d'abord d'embrasser dans la troisième Partie du Travail toutes les questions de ce genre. Mais j'y ai renoncé ensuite, puisque, la matière étant très vaste, cela retarderait beaucoup la publication de mes recherches et, en même temps, rendrait la troisième Partie trop volumineuse. C'est pourquoi je me borne ici aux questions relatives à la vitesse angulaire et au moment des quantités de mouvement, et, quant à l'analyse des calculs qui se présentent dans la recherche des figures d'équilibre dont il s'agit, je la remets à la quatrième Partie.

Donc ce Mémoire sera consacré seulement aux questions analogues à celles que j'ai traitées dans les deux premières Sections de la deuxième Partie.

Je dois toutefois prévenir qu'en ce qui concerne les questions générales l'étude actuelle sera loin d'être aussi complète que celle de la deuxième Partie. J'ai obtenu des formules générales toutes semblables à celles de la deuxième Partie, mais, sauf dans le cas des figures très allongées à trois plans de symétrie, je n'ai pas réussi à en tirer des conclusions générales, et j'ai dû me borner à l'examen de deux cas particuliers les plus simples: du cas le plus simple des figures d'équilibre à trois plans de symétrie et du cas le plus simple des figures d'équilibre à deux plans de symétrie.

J'examine d'abord le premier cas, qui est plus simple au point de vue de l'analyse, et je viens ensuite au second cas qui est celui des figures pyriformes d'équilibre.

Or, même dans ces deux cas particuliers, les formules sont trop compliquées pour qu'on puisse en conclure quelque chose sans avoir recours aux calculs numériques. Mon étude s'est donc ramenée à ces calculs, dont je donne ici une analyse assez complète pour que le lecteur puisse les suivre pas à pas.

Le cas le plus important est celui des figures pyriformes. C'est ce cas qui a donné lieu à la controverse de M. Darwin avec moi.

Les questions relatives à la vitesse angulaire se réduisent principalement à la recherche d'une certaine constante A, et, dans le cas dont il s'agit, c'est le signe de cette constante qu'il faut surtout savoir.

Si cette constante est positive, la vitesse angulaire augmente quand on passe de l'ellipsoïde singulier aux figures pyriformes. Au contraire, si ladite constante est négative, la vitesse angulaire, dans le même passage, diminue.

Comme je l'ai déjà indiqué dans le Mémoire *Sur un problème de Tchebychef*, mes calculs m'ont amené à la conclusion que c'est le premier qui a lieu, tandis que M. Darwin est arrivé à une conclusion contraire.

Vu cette contradiction, j'ai refait mes calculs plusieurs fois et de manières très variées, mais toujours j'ai été conduit à la même conclusion.

De cette façon j'ai été confirmé dans l'opinion que c'est mon résultat qui est vrai.

Malheureusement, mes calculs étaient si compliqués qu'il n'était pas possible de les publier sans les avoir d'abord simplifiés.

La complication provenait surtout de ce que j'ai pris, pour les paramètres ρ et q de l'ellipsoïde singulier, les valeurs peu précises qui résultaient des nombres que j'ai donnés dans le Mémoire *Sur la stabilité des figures ellipsoïdales d'équilibre*, où sont indiquées des limites entre lesquelles se trouvent les paramètres s et t de Liouville pour l'ellipsoïde singulier dont il s'agit. Mais ces limites étaient très larges, et, pour pouvoir en déduire, pour A, des limites assez étroites pour que le signe de cette constante soit mis en évidence, j'ai dû avoir recours à plusieurs recherches accessoires, ce qui a compliqué beaucoup mes calculs.

Donc, pour simplifier les calculs, il fallait d'abord remplacer les nombres fondamentaux que j'ai pris pour point de départ par des nombres plus précis.

M. Darwin, en étudiant le même ellipsoïde, a poussé l'approximation plus loin que moi. Mais, comme il n'a pas apprécié l'erreur commise, je n'ai pas pu me servir des nombres qu'il a obtenus.

J'ai dû donc tout d'abord refaire les calculs relatifs à la recherche des nombres fondamentaux, et j'ai été ainsi conduit à faire une étude générale des équations transcendantes dont dépend l'évaluation des paramètres ρ et q des ellipsoïdes singuliers.

C'est par cette étude que je commence le présent Mémoire.

Après avoir exposé une méthode générale pour la résolution numérique des équations en question, j'applique cette méthode aux deux cas particuliers mentionnés plus haut, dont je m'occupe principalement dans ce Mémoire, et, pour ce qui concerne le cas de l'ellipsoïde d'où dérivent les figures pyriformes, j'arrive à des nombres un peu différents de ceux de M. Darwin.

Ayant ainsi obtenu, pour ρ et q, des valeurs beaucoup plus précises que celles dont je me servais auparavant, j'ai pu simplifier mes calculs relatifs à la recherche du signe de A de manière à pouvoir les publier à présent. Il est vrai que ces calculs restent encore très compliqués; mais cette complication dépend de la nature des formules à calculer, que je n'ai pas réussi à simplifier.

Je montre que, dans le cas des figures pyriformes, la constante A est positive, d'où il résulte que, pour passer à ces figures en partant de l'ellipsoïde singulier, il faut augmenter la vitesse angulaire. D'autre part, il en résulte que, contrairement à ce qu'a conclu M. Darwin, ces figures sont instables.

J'ai déjà dit que les valeurs que j'ai obtenues pour ρ et q diffèrent de celles qui découlent des nombres de M. Darwin. Mais ce n'est pas de cela que dépend la différence entre nos conclusions, car les limites de ρ et q dont je me servais auparavant, et avec lesquelles j'ai été amené à la même conclusion, comprennent les valeurs de ces paramètres résultant des nombres de M. Darwin. Donc, en partant de ces derniers nombres, on parviendrait encore au résultat que j'ai obtenu.

La différence des résultats ne peut donc provenir que de la différence des formules à calculer, dont celles de M. Darwin sont des formules approchées ne permettant pas d'apprécier l'erreur commise, tandis que les miennes sont des formules rigoureuses.

FIGURES D'ÉQUILIBRE

DÉRIVÉES DES ELLIPSOÏDES DE JACOBI.

RECHERCHES RELATIVES À LA VITESSE ANGULAIRE
ET
AU MOMENT DES QUANTITÉS DE MOUVEMENT.

I. — Sur les équations qui définissent les ellipsoïdes singuliers.

Succession des ellipsoïdes singuliers dans la série des ellipsoïdes de Jacobi.

1. Avant d'aborder l'objet principal de notre étude actuelle, nous croyons nécessaire de nous arrêter aux équations transcendantes qui définissent les demi-axes des ellipsoïdes *singuliers*, en appelant ainsi les ellipsoïdes dont dérivent les séries de nouvelles figures d'équilibre.

Avec les notations adoptées précédemment, on a, pour tous les ellipsoïdes de Jacobi,

$$T_{2,3} = 0$$

et, pour un ellipsoïde singulier, on aura encore une équation de la forme

$$T_{m,2m} = 0,$$

m étant un nombre de la suite infinie 3, 4, 5 ....

Les demi-axes de l'ellipsoïde étant représentés par

$$\sqrt{\rho+1}, \qquad \sqrt{\rho+q}, \qquad \sqrt{\rho},$$

ces deux équations serviront à déterminer les paramètres ρ et q, et nous avons vu dans la première Partie (n° 39) que, pour toute valeur du nombre m, elles admettent une solution. Nous avons d'ailleurs montré (1, nos 42, 43, 44) que, si l'on suppose, ce qui est permis, $q < 1$, ces équations n'admettent qu'une seule solution.

De cette façon, à toute valeur de m correspondra un ellipsoïde singulier, et rien que un.

Voyons, dans quelle succession apparaissent les divers ellipsoïdes singuliers, lorsqu'on parcourt la série des ellipsoïdes de Jacobi en faisant diminuer la vitesse angulaire à partir de son maximum.

Ce maximum correspond à un ellipsoïde de révolution pour lequel

$$\rho = 0{,}514\ldots, \qquad q = 1,$$

et quand, à partir de là, on fera diminuer la vitesse angulaire, ρ et q décroîtront à partir des valeurs ci-dessus et continueront ensuite à décroître, tant que la vitesse angulaire diminue.

D'après ce que nous avons vu dans la première Partie (no 44), le premier ellipsoïde singulier que l'on rencontrera alors sera celui pour lequel $m = 3$. C'est l'ellipsoïde, par lequel on entre dans la série des figures d'équilibre que M. Poincaré a appelées *pyriformes*.

On rencontrera ensuite l'ellipsoïde, pour lequel $m = 4$; puis, celui pour lequel $m = 5$, et ainsi de suite, m croissant constamment.

Cette conclusion a été tirée des inégalités

$$T_{3,6} < T_{4,8} < T_{5,10} < \cdots,$$

démontrées dans le Mémoire *Sur la stabilité des figures ellipsoïdales d'équilibre.*

Rappelons succinctement l'analyse par laquelle nous avons établie ces inégalités.

2. Nous ferons usage, comme nous l'avons déjà fait dans la première Partie, des notations simplifiées, en écrivant

$$T_m, \qquad \mathsf{E}_m, \qquad \mathsf{F}_m, \qquad \mathcal{E}_m,$$

au lieu de

$$T_{m,2m}, \qquad \mathsf{E}_{m,2m}, \qquad \mathsf{F}_{m,2m}, \qquad \mathcal{E}_{m,2m}.$$

Cela posé, nous aurons

$$T_m = R - \frac{1}{2m+1}\mathsf{E}_m \mathsf{F}_m$$

et, par suite,

$$T_{m+1} - T_m = \frac{1}{2m+1} \mathsf{E}_m \mathsf{F}_m - \frac{1}{2m+3} \mathsf{E}_{m+1} \mathsf{F}_{m+1},$$

l'argument des fonctions de Lamé étant ρ.

Maintenant remplaçons les fonctions F_m, F_{m+1} par leurs expressions (**1**, n° 13). Nous aurons, pour la différence $T_{m+1} - T_m$, l'expression que l'on pourra mettre sous la forme

$$T_{m+1} - T_m = \frac{1}{2} \int_\rho^\infty \left[\frac{\mathsf{E}_m(\rho)}{\mathsf{E}_{m+1}(t)}\right]^2 \left\{\left[\frac{\mathsf{E}_{m+1}(t)}{\mathsf{E}_m(t)}\right]^2 - \left[\frac{\mathsf{E}_{m+1}(\rho)}{\mathsf{E}_m(\rho)}\right]^2\right\} \frac{dt}{\Delta(t)},$$

où

$$\Delta(t) = \sqrt{t(t+1)(t+q)}.$$

Or, il est facile d'établir que le rapport

$$(1) \qquad \frac{\mathsf{E}_{m+1}(t)}{\mathsf{E}_m(t)},$$

t étant positif, représente une fonction croissante de t, pourvu que le facteur constant que peut renfermer toute fonction de la forme $\mathsf{E}_n(t)$ soit choisi de manière à la rendre positive, ce que nous sous-entendrons toujours.

Pour le montrer, reportons-nous à l'équation différentielle qui définit la fonction $\mathsf{E}_n(t)$.

De cette équation, qui est (**1**, n° 41)

$$4\Delta(t) \frac{d}{dt}\left[\Delta(t) \frac{d\mathsf{E}_n(t)}{dt}\right] = [\beta_n + n(n+1)t] \mathsf{E}_n(t),$$

en y faisant successivement $n = m$, $n = m+1$, on déduit

$$(2) \qquad \begin{cases} 4\Delta(t)\left[\mathsf{E}_m(t) \dfrac{d\mathsf{E}_{m+1}(t)}{dt} - \mathsf{E}_{m+1}(t) \dfrac{d\mathsf{E}_m(t)}{dt}\right] \\ \quad = \displaystyle\int_0^t [\beta_{m+1} - \beta_m + 2(m+1)t] \mathsf{E}_m(t) \mathsf{E}_{m+1}(t) \frac{dt}{\Delta(t)}. \end{cases}$$

D'autre part, en considérant la fonction $E_n(x)$, qui vérifie l'équation (**1**, n° 10)

$$\sqrt{(1-x^2)(q-x^2)} \frac{d}{dx}\left[\sqrt{(1-x^2)(q-x^2)} \frac{dE_n(x)}{dx}\right] + [\beta_n - n(n+1)x^2] E_n(x) = 0,$$

on trouve

$$\frac{d}{dx}\left[\sqrt{(1-x^2)(q-x^2)}\left\{E_m(x)\frac{dE_{m+1}(x)}{dx}-E_{m+1}(x)\frac{dE_m(x)}{dx}\right\}\right]$$

$$=-[\beta_{m+1}-\beta_m-2(m+1)x^2]\frac{E_m(x)E_{m+1}(x)}{\sqrt{(1-x^2)(q-x^2)}}.$$

Or, l'une des deux fonctions $E_m(x)$, $E_{m+1}(x)$ est un polynôme entier en x^2, l'autre, le produit d'un tel polynôme par $\sqrt{1-x^2}$ (**1**; n° 11).

Par suite, l'expression

$$\sqrt{(1-x^2)(q-x^2)}\left\{E_m(x)\frac{dE_{m+1}(x)}{dx}-E_{m+1}(x)\frac{dE_m(x)}{dx}\right\}$$

s'annule, tant pour $x=0$, que pour $x=\sqrt{q}$, et l'égalité ci-dessus donne

$$\int_0^{\sqrt{q}}[\beta_{m+1}-\beta_m-2(m+1)x^2]\frac{E_m(x)E_{m+1}(x)}{\sqrt{(1-x^2)(q-x^2)}}dx=0.$$

De là on peut conclure que l'on a

$$\beta_{m+1}>\beta_m,$$

car les fonctions $E_m(x)$ et $E_{m+1}(x)$ ne changent pas de signe dans l'intervalle de $x=0$ à $x=\sqrt{q}$ (**1**, n° 38).

Or, s'il en est ainsi, la formule (2), où nous supposons $t>0$, conduit à l'inégalité

$$\mathsf{E}_m(t)\frac{d\mathsf{E}_{m+1}(t)}{dt}-\mathsf{E}_{m+1}(t)\frac{d\mathsf{E}_m(t)}{dt}>0,$$

d'où l'on conclut que le rapport (1) est une fonction croissante de t.

Cela étant, l'expression que nous avons donnée plus haut pour la différence $T_{m+1}-T_m$ fait voir que

$$T_{m+1}>T_m,$$

quels que soient ρ et q.

Étude de l'équation relative à tous les ellipsoïdes de Jacobi.

3. Considérons de plus près l'équation

$$T_{2,3} = 0,$$

qui a lieu pour tous les ellipsoïdes de Jacobi.

On a

$$T_{2,3} = R - \frac{1}{5} \mathsf{E}_{2,3} \mathsf{F}_{2,3},$$

où

$$R = \frac{1}{3} \mathsf{E}_{1,0} \mathsf{F}_{1,0} = \frac{1}{2} \rho \int_{\rho}^{\infty} \frac{dt}{t\Delta(t)},$$

et nous poserons

$$\frac{1}{5} \mathsf{E}_{2,3} \mathsf{F}_{2,3} = \frac{1}{2} (\rho + 1)(\rho + q) \int_{\rho}^{\infty} \frac{dt}{(t+1)(t+q)\Delta(t)} = Q,$$

de sorte que l'équation précédente s'écrira

(1) $$R - Q = 0.$$

Or il convient de présenter les expressions de R et Q sous une autre forme. A cet effet posons

$$t = \frac{\rho}{z^2}.$$

Alors, si nous faisons, pour abréger,

$$\frac{q}{\rho} = \varkappa,$$

il viendra

$$R = \int_0^1 \frac{z^2\, dz}{\sqrt{(\rho + z^2)(1 + \varkappa z^2)}},$$

$$Q = (\rho + 1)(\varkappa + 1) \int_0^1 \frac{z^4\, dz}{(\rho + z^2)^{\frac{3}{2}} (1 + \varkappa z^2)^{\frac{3}{2}}}.$$

Posons encore

$$\frac{\varkappa}{\varkappa+1}=\lambda.$$

Nous pouvons écrire

$$\sqrt{\varkappa+1}\,R=\int_0^1\frac{z^2\,dz}{\sqrt{\rho+z^2}\,\sqrt{1-\lambda(1-z^2)}},$$

$$\sqrt{\varkappa+1}\,Q=(\rho+1)\int_0^1\frac{z^4\,dz}{(\rho+z^2)^{\frac{3}{2}}[1-\lambda(1-z^2)]^{\frac{3}{2}}},$$

et, comme λ est toujours moindre que 1, les intégrales seront développables suivant les puissances entières et positives de λ.

Développons-les donc et posons

(2)
$$\left\{\begin{aligned}&\sqrt{\rho+1}\int_0^1\frac{(1-z^2)^n z^2\,dz}{\sqrt{\rho+z^2}}=a_n,\\&(\rho+1)^{\frac{3}{2}}\int_0^1\frac{(1-z^2)^n z^4\,dz}{(\rho+z^2)^{\frac{3}{2}}}=b_n.\end{aligned}\right.$$

De cette façon nous obtenons

$$\frac{\Delta}{\rho}R=a_0+\frac{1}{2}a_1\lambda+\frac{1\cdot3}{2\cdot4}a_2\lambda^2+\frac{1\cdot3\cdot5}{2\cdot4\cdot6}a_3\lambda^3+\cdots,$$

$$\frac{\Delta}{\rho}Q=b_0+\frac{3}{2}b_1\lambda+\frac{3\cdot5}{2\cdot4}b_2\lambda^2+\frac{3\cdot5\cdot7}{2\cdot4\cdot6}b_3\lambda^3+\cdots,$$

Δ étant une notation abrégée pour $\Delta(\rho)$.

D'après cela, l'équation (1) devient

$$a_0-b_0+\left(\frac{1}{2}a_1-\frac{3}{2}b_1\right)\lambda+\frac{3}{2}\left(\frac{1}{4}a_2-\frac{5}{4}b_2\right)\lambda^2+\cdots=0,$$

et, si nous posons, pour abréger,

$$a_0-b_0=c,$$

(3)
$$\frac{2n+1}{2n}b_n-\frac{1}{2n}a_n=l_{n-1},\qquad (n=1,2,3,\ldots)$$

$$l_0+\frac{3}{2}l_1\lambda+\frac{3\cdot5}{2\cdot4}l_2\lambda^2+\cdots=f(\lambda),$$

nous pourrons la présenter sous la forme

(4) $$\lambda f(\lambda) = c.$$

Voyons ce qu'on peut dire au sujet des coefficients que nous venons d'introduire.

4. Tout d'abord, les formules (2) font voir que les b_n sont inférieurs aux a_n correspondants. En effet, z étant compris entre 0 et 1, on a

$$\frac{z^2}{\rho + z^2} < \frac{1}{\rho + 1}$$

et, par suite, $b_n < a_n$.

Donc, en particulier, on a $c > 0$.

Nous allons maintenant montrer que tous les l_n sont positifs.

Formons d'abord les équations qui serviront à calculer les a_n et les b_n.

On a immédiatement

(5) $$\begin{cases} a_0 = \frac{1}{2}(\rho + 1) - \frac{1}{2}\rho\sqrt{\rho + 1}\log\dfrac{1 + \sqrt{\rho + 1}}{\sqrt{\rho}}, \\ b_0 = (\rho + 1)(3a_0 - 1). \end{cases}$$

Puis, en partant de l'identité

$$d\left[\frac{(1 - z^2)^{n+1} z^3}{\sqrt{\rho + z^2}}\right] = \frac{(2n+5)(1 - z^2)^{n+1} - (2n+2)(1 - z^2)^n}{\sqrt{\rho + z^2}} z^2 dz - \frac{(1 - z^2)^{n+1}}{(\rho + z^2)^{\frac{3}{2}}} z^4 dz$$
$$= \frac{(2n+4)(1 - z^2)^{n+1} - (2n+1)(1 - z^2)^n}{\sqrt{\rho + z^2}} z^2 dz - (\rho + 1)\frac{(1 - z^2)^n}{(\rho + z^2)^{\frac{3}{2}}} z^4 dz,$$

on trouve

(6) $$\begin{cases} a_{n+1} = \frac{2n+1}{2n+4} a_n + \frac{1}{2n+4} b_n, \\ b_{n+1} = (\rho + 1)[(2n + 5)a_{n+1} - (2n + 2)a_n]. \end{cases}$$

Par ces formules, en faisant successivement $n = 0, 1, 2, \ldots$, on calculera tous les a_n et les b_n.

Cela posé, éliminons entre les équations (6) a_{n+1}. Il viendra

$$3a_n = (2n + 5)b_n - \frac{2n+4}{\rho + 1} b_{n+1},$$

et, en portant cette expression de $3a_n$ dans la formule (3), on trouve

(7) $$3nl_{n-1} = (2n-1)b_n + \frac{n+2}{\rho+1}b_{n+1}.$$

On a donc bien $l_{n-1} > 0$.

5. Par les formules (2) on voit que a_n et b_n décroissent quand n croît et tendent vers zéro pour $n=\infty$. Montrons que l_n sera dans le même cas.

Remarquons d'abord que les rapports

$$\frac{a_{n+1}}{a_n} \quad \text{et} \quad \frac{b_{n+1}}{b_n}$$

sont des fonctions décroissantes de ρ. En effet, on a, par exemple,

$$b_n^2 \frac{d}{d\rho}\frac{b_{n+1}}{b_n} = -\frac{3}{4}(\rho+1)^3 \int_0^1\int_0^1 \frac{(1-z^2)^n(1-z_1^2)^n(z^2-z_1^2)^2 z^4 z_1^4\,dz\,dz_1}{(\rho+z^2)^{\frac{5}{2}}(\rho+z_1^2)^{\frac{5}{2}}}.$$

Par suite, en posant dans ces rapports $\rho=0$, on aura leurs limites supérieures et, en faisant croître ρ indéfiniment, on obtiendra leurs limites inférieures.

Comme, pour $\rho=0$,

$$a_n = b_n = \int_0^1 (1-z^2)^n z\,dz = \frac{1}{2n+2}$$

et, pour $\rho=\infty$,

$$a_n = \int_0^1 (1-z^2)^n z^2\,dz = \frac{2\cdot4\cdots2n}{3\cdot5\cdots(2n+1)}\,\frac{1}{2n+3},$$

$$b_n = \int_0^1 (1-z^2)^n z^4\,dz = \frac{2\cdot4\cdots2n}{5\cdot7\cdots(2n+3)}\,\frac{1}{2n+5},$$

on aura ainsi ces inégalités:

$$\frac{2n+2}{2n+5} < \frac{a_{n+1}}{a_n} < \frac{n+1}{n+2},$$

(8) $$\frac{2n+2}{2n+7} < \frac{b_{n+1}}{b_n} < \frac{n+1}{n+2}.$$

Cela posé, et en nous reportant à la formule (7), nous obtenons

$$3(n+1)l_n < \left(2n+1+\frac{n+2}{\rho+1}\right)b_{n+1},$$

$$3n\,l_{n-1} > \frac{n+2}{n+1}\left(2n-1+\frac{n+1}{\rho+1}\right)b_{n+1};$$

d'où il vient

$$\frac{n+2}{n}\,\frac{l_n}{l_{n-1}} < \frac{(2n+1)\rho+3(n+1)}{(2n-1)\rho+3n} < \frac{2n+1}{2n-1},$$

et, par suite,

$$\frac{l_n}{l_{n-1}} < \frac{(2n+1)n}{(2n-1)(n+2)} < 1.$$

D'ailleurs l'inégalité

$$\frac{2n+1}{2n}\,\frac{l_n}{l_{n-1}} < \frac{(2n+1)^2}{(2n-1)(2n+4)}$$

fait voir que l'on aura

$$\frac{2n+1}{2n}\,\frac{l_n}{l_{n-1}} < 1,$$

du moins pour $n > 2$.

Ajoutons que, n croissant indéfiniment, l_n tendra vers zéro. Quant au rapport

$$\frac{l_n}{l_{n-1}},$$

il tendra alors vers 1, puisque, d'après (8), le rapport

$$\frac{b_{n+1}}{b_n}$$

tend, pour $n=\infty$, vers 1.

Signalons enfin des limites, supérieure et inférieure, pour l_n.

On obtiendra ces limites en considérant les cas de $\rho=0$ et de $\rho=\infty$. En effet, les b_n étant évidemment des fonctions décroissantes de ρ, la formule (7) permet de conclure que les l_n sont aussi des fonctions décroissantes.

De cette manière nous obtenons

$$l_n < \frac{1}{2(n+2)},$$

$$(9)\qquad l_n > \frac{2\cdot4\cdots2n}{3\cdot5\cdots(2n+1)}\,\frac{2(2n+1)}{(2n+3)(2n+5)(2n+7)}.$$

6. Nous venons de voir que les l_n sont des fonctions décroissantes de ρ. Voyons maintenant comment se comportera c comme fonction de ρ.

D'après les formules (5) nous avons

$$c = a_0 - b_0 = \left(\frac{3}{2}\rho + 1\right)\rho\sqrt{\rho+1}\log\frac{1+\sqrt{\rho+1}}{\sqrt{\rho}} - \frac{3}{2}\rho(\rho+1),$$

et de là, en différentiant par rapport à ρ, on trouve

$$\frac{dc}{d\rho} = \frac{15\rho^2+18\rho+4}{4\sqrt{\rho+1}}v,$$

où

$$v = \log\frac{1+\sqrt{\rho+1}}{\sqrt{\rho}} - \frac{(15\rho+8)\sqrt{\rho+1}}{15\rho^2+18\rho+4}.$$

On a ensuite, après quelques réductions,

$$\frac{dv}{d\rho} = -\frac{4(\rho+2)}{(15\rho^2+18\rho+4)^2\rho\sqrt{\rho+1}}.$$

On voit par là que v est une fonction décroissante de ρ.

Or, si l'on fait ρ croître indéfiniment, v tendra vers zéro.

On a donc $v > 0$, quel que soit ρ.

On en conclut que c est une fonction croissante de ρ.

Remarquons que, d'après les formules (2), ρ tendant vers ∞, $a_0 - b_0$ tend vers $\frac{2}{15}$. On a donc

$$c < \frac{2}{15}. \tag{10}$$

7. En tenant compte des propriétés indiquées des coefficients l_n et c, on peut facilement déduire de l'équation (4) les propositions connues relatives à l'équation $T_{2,3} = 0$.

Donnons à ρ une valeur déterminée et considérons λ comme une inconnue.

Les l_n et c étant positifs, on voit immédiatement que cette équation ne peut admettre qu'*une* racine positive.

D'autre part, il est aisé de voir qu'elle admet toujours une racine entre 0 et 1.

En effet, pour qu'il en soit ainsi, il faut et il suffit que $f(1)$ soit plus grand que c. Or, on a

$$f(1) = l_0 + \frac{3}{2} l_1 + \frac{3 \cdot 5}{2 \cdot 4} l_2 + \cdots,$$

et d'après (9)

$$\frac{3 \cdot 5 \cdots (2n+1)}{2 \cdot 4 \cdots 2n} l_n > \frac{3}{2}\left(\frac{1}{2n+5} - \frac{1}{2n+7}\right) - \frac{1}{2}\left(\frac{1}{2n+3} - \frac{1}{2n+5}\right).$$

On a donc

$$f(1) > \frac{3}{2} \cdot \frac{1}{5} - \frac{1}{2} \cdot \frac{1}{3} = \frac{2}{15},$$

et par suite, en vertu de (10),

$$f(1) > c.$$

Cela posé, considérons λ comme fonction de ρ, en attribuant à ρ toutes les valeurs positives.

Comme les l_n sont des fonctions décroissantes de ρ et que c est une fonction croissante, on voit que λ sera une fonction croissante.

Or, s'il en est ainsi,

$$\frac{q}{\rho} = \varkappa = \frac{\lambda}{1 - \lambda}$$

sera aussi une fonction croissante de ρ et, par suite, q croîtra avec ρ.

Si l'on fait ρ croître indéfiniment, les l_n tendront vers leurs limites inférieures, données par les inégalités (9), et c tendra vers $\frac{2}{15}$. Donc λ tendra vers 1.

Par suite, ρ croissant indéfiniment, $\frac{q}{\rho}$ et q croîtront au delà de toute limite.

Si au contraire ρ tend vers zéro, c tendra également vers zéro. Donc λ et, par suite, $\frac{q}{\rho}$ et q tendront vers zéro.

Voyons comment ces quantités tendent vers zéro avec ρ.

En supposant ρ infiniment petit, développons λ, d'après l'équation (4), suivant les puissances croissantes de c. En nous bornant à la première puissance de c, nous obtiendrons

$$\lambda = \frac{1}{l_0} c + \cdots.$$

Or l'expression de c, considérée au numéro précédent, donne

$$c = \frac{1}{2} \rho \log \frac{4}{\rho} - \frac{3}{2} \rho + \cdots,$$

les termes suivants étant infiniment petits par rapport à ρ. Quant à l_0, ce coefficient tendra, pour $\rho=0$, vers sa limite supérieure $\frac{1}{4}$ (nº 5), et cela de telle manière que le rapport

$$\frac{l_0-\frac{1}{4}}{\rho\log\frac{4}{\rho}}$$

sera fini.

On aura donc

$$\lambda = 2\rho\log\frac{4}{\rho} - 6\rho + \cdots,$$

à l'ordre près de ρ inclusivement.

On trouve ensuite

$$\varkappa = 2\rho\log\frac{4}{\rho} - 6\rho + \cdots,$$

au même degré d'approximation, et enfin,

$$q = 2\rho^2\log\frac{4}{\rho} - 6\rho^2 + \cdots,$$

où les termes non écrits sont infiniment petits par rapport à ρ^2.

8. Par les formules (5) et (6) on voit que les a_n et les b_n seront de la forme

$$P - p\rho\sqrt{\rho+1}\log\frac{1+\sqrt{\rho+1}}{\sqrt{\rho}},$$

P et p étant des polynômes entiers en ρ.

On peut donner des expressions générales pour ces polynômes, et nous allons maintenant les rechercher, en nous bornant toutefois aux polynômes p, qui seuls nous seront utiles.

Nous poserons

$$a_n = \Phi_n - \frac{1}{2}\varphi_n\rho\sqrt{\rho+1}\log\frac{1+\sqrt{\rho+1}}{\sqrt{\rho}}$$

et, pour évaluer φ_n, nous profiterons de cette remarque que l'expression

$$a_n + \frac{1}{2}\varphi_n\rho\sqrt{\rho+1}\log\frac{1}{\sqrt{\rho}},$$

qui est égale à

$$\Phi_n - \frac{1}{2}\varphi_n \rho \sqrt{\rho+1} \log\left(1+\sqrt{\rho+1}\right),$$

est développable, ρ étant assez petit, suivant les puissances entières et positives de ρ.

Cela posé, reportons-nous à la première des formules (2) et décomposons l'intégrale qui y figure en deux: l'une prise de 0 à $\sqrt{\rho}$, l'autre, de $\sqrt{\rho}$ à 1.

La première intégrale, en y remplaçant z par $z\sqrt{\rho}$, se réduit à

$$\rho \int_0^1 \frac{(1-\rho z^2)^n z^2\, dz}{\sqrt{1+z^2}}$$

et représente, par suite, une fonction entière de ρ.

Quant à la seconde intégrale, qui se met sous la forme

$$\int_{\sqrt{\rho}}^1 (1-z^2)^n \left(1+\frac{\rho}{z^2}\right)^{-\frac{1}{2}} z\, dz,$$

on pourra, en supposant $\rho<1$, y remplacer la fonction $\left(1+\frac{\rho}{z^2}\right)^{-\frac{1}{2}}$ par son développement suivant les puissances croissantes de $\frac{\rho}{z^2}$, ce qui donnera pour cette intégrale l'expression

$$\sum_{i=0}^{\infty} (-1)^i \frac{1.3\ldots(2i-1)}{2.4\ldots 2i} \int_{\sqrt{\rho}}^1 (1-z^2)^n \frac{\rho^i}{z^{2i-1}}\, dz.$$

Or l'intégrale

$$\int_{\sqrt{\rho}}^1 (1-z^2)^n \frac{\rho^i}{z^{2i-1}}\, dz,$$

dans le cas de $i=0$, ainsi que dans le cas de $i>n+1$, se réduit à une fonction entière de ρ et, si i est un des nombres $1, 2, \ldots, n+1$, prend la forme

$$(-1)^{i-1} \frac{n(n-1)\ldots(n-i+2)}{1.2\ldots(i-1)} \rho^i \log\frac{1}{\sqrt{\rho}} + \text{fonction entière de } \rho.$$

On aura donc

$$\frac{a_n}{\sqrt{\rho+1}} = -\sum_{i=1}^{n+1} \frac{n(n-1)\ldots(n-i+2)}{1.2\ldots(i-1)} \frac{1.3\ldots(2i-1)}{2.4\ldots 2i} \rho^i \log\frac{1}{\sqrt{\rho}} + S,$$

S étant une série de polynômes entiers en ρ, série que l'on pourra évidemment ordonner suivant les puissances croissantes de ρ.

D'après cela, en tenant compte de la remarque que nous avons faite, on arrive à cette expression de φ_n:

$$\varphi_n = \sum_{i=0}^{n} \frac{n(n-1)\ldots(n-i+1)}{1.2\ldots i} \frac{3.5\ldots(2i+1)}{4.6\ldots(2i+2)} \rho^i,$$

où le coefficient de ρ^i doit se réduire pour $i=0$ à 1.

Maintenant posons

$$b_n = \Psi_n - \frac{1}{2}\psi_n \rho \sqrt{\rho+1} \log \frac{1+\sqrt{\rho+1}}{\sqrt{\rho}},$$

Ψ_n et ψ_n étant des fonctions entières de ρ.

Alors, d'après la seconde des formules (6), il viendra

$$\psi_n = (\rho+1)\left[(2n+3)\varphi_n - 2n\varphi_{n-1}\right]$$

à partir de $n=1$, et de là on déduit

$$\psi_n = 3(\rho+1)\sum_{i=0}^{n} \frac{n(n-1)\ldots(n-i+1)}{1.2\ldots i} \frac{5.7\ldots(2i+3)}{4.6\ldots(2i+2)} \rho^i,$$

expression qui a lieu même pour $n=0$, comme le montre la seconde des formules (5) qui donne

$$\psi_0 = 3(\rho+1).$$

Par ces expressions on voit que, ρ étant positif, les polynômes φ_n et ψ_n croissent quand n croît. D'ailleurs, n croissant indéfiniment, ils croissent au delà de toute limite, car on a évidemment

$$\varphi_n > \frac{3.5\ldots(2n+1)}{4.6\ldots(2n+2)}(\rho+1)^n,$$

$$\psi_n > 3(\rho+1)^{n+1}.$$

Comme a_n et b_n tendent, pour $n=\infty$, vers zéro, il en résulte que, n croissant indéfiniment, les polynômes Φ_n et Ψ_n croîtront encore au delà de toute limite.

De cette façon on voit que, pour de grandes valeurs de n, les a_n et les b_n, tout en devenant très petits, se présenteront sous forme des différences entre de très grands nombres.

9. Passons aux calculs numériques, en supposant qu'on donne ρ et qu'on veuille calculer λ avec une certaine approximation.

On devra commencer par le calcul de c et des l_n en nombre suffisamment grand, ce qu'on pourra faire en se servant des formules que nous avons données. Mais il sera plus avantageux de recourir pour cela à d'autres formules, que nous allons maintenant signaler.

Posons

$$a_n - b_n = c_n,$$

de sorte qu'il viendra $c_0 = c$.

Alors la première des équations (6) pourra s'écrire

$$a_{n+1} = \frac{n+1}{n+2} a_n - \frac{1}{2n+4} c_n.$$

Multiplions cette équation par $(2n+4)(\rho+1)$ et ajoutons-la ensuite à la seconde des équations (6). En réduisant, nous aurons

$$b_{n+1} = (\rho+1)(a_{n+1} - c_n),$$

et cela revient à

$$c_{n+1} = (\rho+1)c_n - \rho a_{n+1}.$$

De cette façon on aura l'ensemble suivant de formules:

$$(11) \quad \left\{ \begin{aligned} a_0 &= \tfrac{1}{2}(\rho+1) - \tfrac{1}{2}\rho\sqrt{\rho+1}\log\frac{1+\sqrt{\rho+1}}{\sqrt{\rho}}, \\ c_0 &= c = \rho + 1 - (3\rho+2)a_0, \\ a_{n+1} &= \frac{n+1}{n+2}a_n - \frac{1}{2n+4}c_n, \\ c_{n+1} &= (\rho+1)c_n - \rho a_{n+1}. \end{aligned} \right.$$

A l'aide de ces formules on calculera successivement

$$a_0, \quad c_0, \quad a_1, \quad c_1, \quad a_2, \quad \ldots$$

jusqu'à un rang voulu, après quoi l'on calculera les l_n par la formule

$$(12) \qquad l_n = a_{n+1} - \frac{2n+3}{2n+2} c_{n+1}$$

que l'on tire de celle (3).

Si l'on veut encore calculer les b_n, on aura immédiatement

$$b_n = a_n - c_n.$$

Signalons quelques conclusions qu'on peut tirer de ces formules.

10. Supposons que, partant d'une valeur donnée de ρ, on ait calculé une valeur approchée de a_0.

Si cette valeur est une limite supérieure pour la valeur exacte, on obtiendra, en poursuivant avec elle les calculs, une limite inférieure pour c_0, une limite supérieure pour a_1, une limite inférieure pour c_1, une limite supérieure pour a_2, et ainsi de suite, en sorte qu'on sera conduit à des limites inférieures pour tous les c_n et à des limites supérieures pour tous les a_n. Si au contraire ladite valeur de a_0 est une limite inférieure, on obtiendra, pour les c_n, des limites supérieures et, pour les a_n, des limites inférieures.

En même temps, une limite supérieure de a_0 conduira à des limites supérieures des b_n et des l_n et une limite inférieure de a_0, à des limites inférieures des b_n et des l_n.

De cette façon les erreurs dont seront affectées les valeurs calculées des a_n, des b_n, des $-c_n$ et des l_n par suite d'une erreur contenue dans la valeur de a_0 seront toujours de même signe que l'erreur de a_0.

Voyons comment on pourra apprécier ces erreurs.

En désignant l'erreur de la valeur calculée de a_0 par α_0, désignons les erreurs qui en proviennent dans les valeurs calculées de

$$a_n, \quad b_n, \quad -c_n, \quad l_n$$

respectivement par

$$\alpha_n, \quad \beta_n, \quad \varepsilon_n, \quad \delta_n.$$

Alors, d'après les formules du numéro précédent, nous aurons

$$(13) \quad \begin{cases} \varepsilon_0 = (3\rho + 2)\alpha_0, \\ \alpha_{n+1} = \dfrac{n+1}{n+2}\alpha_n + \dfrac{1}{2n+4}\varepsilon_n, \\ \varepsilon_{n+1} = (\rho+1)\varepsilon_n + \rho\alpha_{n+1}, \end{cases}$$

$$\beta_n = \alpha_n + \varepsilon_n,$$

$$\delta_n = \alpha_{n+1} + \frac{2n+3}{2n+2}\varepsilon_{n+1}.$$

Or les relations (13), si l'on y pose $\alpha_0 = 1$, seront évidemment celles, par lesquelles doivent être liés, d'après les équations (11), les polynômes φ_n et $\psi_n - \varphi_n$.

Nous pouvons donc écrire immédiatement

$$\alpha_n = \varphi_n \alpha_0, \qquad \beta_n = \psi_n \alpha_0,$$
$$\varepsilon_n = (\psi_n - \varphi_n)\alpha_0,$$

d'où l'on tire

$$(14) \qquad \delta_n = \left(\frac{2n+3}{2n+2}\psi_{n+1} - \frac{1}{2n+2}\varphi_{n+1}\right)\alpha_0.$$

Par ces formules, en tenant compte de ce que nous savons au sujet de φ_n et ψ_n, nous pouvons conclure que les erreurs α_n et β_n croîtront, en valeur absolue, avec n; et la troisième des équations (13) montre que ε_n sera dans le même cas. D'ailleurs, n croissant indéfiniment, ces erreurs croîtront au delà de toute limite.

Quant à δ_n, si ρ est assez petit, cette erreur pourra d'abord décroître. Mais, dès que n deviendra assez grand, elle commencera à croître et croîtra ensuite avec n au delà de toute limite.

De cette façon, quelque petite que soit l'erreur de la valeur approchée à laquelle on s'est arrêté pour a_0, les erreurs qui en résulteront dans les valeurs des coefficients a_n, b_n, l_n d'un rang élevé pourront être très grandes, et, pour calculer ces coefficients avec une approximation suffisante, il pourra être nécessaire de calculer a_0 avec une très grande précision. Heureusement, les valeurs de ρ qu'on aura à considérer ici seront très petites, grâce à quoi les erreurs croîtront avec n très lentement.

Supposons qu'on veuille savoir le degré d'approximation avec lequel on doit calculer a_0 pour pouvoir obtenir un nombre donné de chiffres exacts dans les valeurs de a_n, b_n, l_n pour une valeur donnée de n.

On pourra se servir pour cela des formules précédentes, d'où l'on peut déduire, pour les rapports

$$\frac{\alpha_n}{\alpha_0}, \qquad \frac{\beta_n}{\alpha_0}, \qquad \frac{\delta_n}{\alpha_0},$$

des limites supérieures plus ou moins précises.

Signalons de pareilles limites.

En nous reportant aux expressions que nous avons trouvées au n° 8 pour les polynômes φ_n et ψ_n, nous pouvons en conclure tout de suite que

$$\varphi_n < (\rho+1)^n,$$
$$\psi_n < 3\,\frac{5.7\ldots(2n+3)}{4.6\ldots(2n+2)}(\rho+1)^{n+1}.$$

Or, si ρ est très petit, de sorte que $n\rho$ n'est pas un grand nombre, bien que n le soit, la seconde inégalité sera trop grossière; c'est pourquoi nous allons la remplacer par une autre.

A cet effet nous remarquons qu'on a

$$\psi_n - 3(\rho+1)^{n+1} = 3(\rho+1)\sum_{i=1}^{n} \frac{n(n-1)\ldots(n-i+1)}{1.2\ldots i}\left[\frac{5.7\ldots(2i+3)}{4.6\ldots(2i+2)} - 1\right]\rho^i$$

et que

$$\frac{5.7\ldots(2i+3)}{4.6\ldots(2i+2)} - 1 < \frac{2i+3}{4} - 1 < \frac{1}{2}i.$$

Nous aurons donc

$$\psi_n - 3(\rho+1)^{n+1} < \frac{3}{2}n\rho(\rho+1)^n,$$

ce qui donne

$$\psi_n < 3\left(1 + \frac{1}{2}\frac{n\rho}{\rho+1}\right)(\rho+1)^{n+1}.$$

D'après cela nous arrivons à ces inégalités:

$$\frac{\alpha_n}{\alpha_0} < (\rho+1)^n,$$

$$\frac{\beta_n}{\alpha_0} < 3\left(1 + \frac{1}{2}\frac{n\rho}{\rho+1}\right)(\rho+1)^{n+1}.$$

En même temps, en remarquant que d'après (14) on a

$$\frac{\delta_n}{\alpha_0} < \frac{2n+3}{2n+2}\psi_{n+1},$$

nous obtenons

$$\frac{\delta_n}{\alpha_0} < 3\frac{2n+3}{2n+2}\left(1 + \frac{1}{2}\frac{(n+1)\rho}{\rho+1}\right)(\rho+1)^{n+2}.$$

Supposons par exemple qu'on ait

$$\rho = \frac{3}{22},$$

et qu'on veuille calculer l_{20} avec onze décimales, en sorte que l'erreur ne surpasse pas

$$0,00000\ 00000\ 05.$$

D'après la dernière inégalité nous avons

$$\frac{\delta_{20}}{\alpha_0} < 3 \cdot \frac{43}{42} \cdot \frac{113}{50} \cdot \left(\frac{25}{22}\right)^{22} = \frac{43}{44} \cdot \frac{113}{14} \cdot \left(\frac{25}{22}\right)^{21},$$

et l'on trouve

$$\left(\frac{25}{22}\right)^{21} < 14,7.$$

On aura donc

$$\frac{\delta_{20}}{\alpha_0} < 113 \,.\, 1,05 < 120.$$

Par suite, pour avoir

$$|\delta_{20}| < 0,00000\ 00000\ 05,$$

il suffit de faire

$$|\alpha_0| < 0,00000\ 00000\ 0004.$$

Remarquons que la valeur de ρ dont il s'agit dans cet exemple est une limite supérieure des valeurs de ρ qu'on aura à considérer dans la suite.

11. Venons à l'équation (4) que nous écrirons comme il suit:

$$\lambda = \frac{c}{f(\lambda)}.$$

Soit λ_0 un nombre positif quelconque, plus petit que 1.

Quel qu'il soit, on en déduira tout de suite deux limites entre lesquelles se trouve la racine λ en calculant le second membre de l'équation pour $\lambda = \lambda_0$.

En effet, $f(\lambda)$ étant une fonction croissante de λ, la racine cherchée sera évidemment toujours comprise entre

$$\lambda_0 \quad \text{et} \quad \frac{c}{f(\lambda_0)}.$$

En profitant de cette remarque, et en calculant l'expression

$$\frac{c}{f(\lambda)}$$

pour une suite de valeurs de λ, convenablement choisies, on pourra resserrer les limites de la racine cherchée autant qu'on voudra. Mais, dès que ces limites seront assez resserrées, il sera préférable de recourir à la méthode d'approximation de Newton.

Voyons ce que donnera cette méthode.

Posons, pour abréger,

$$\lambda f(\lambda) = F(\lambda).$$

Alors, en entendant par λ_0 une valeur approchée de la racine λ, on pourra présenter notre équation sous la forme

$$F(\lambda_0) + (\lambda - \lambda_0) F'(\bar{\lambda}) = c,$$

$\bar{\lambda}$ étant un certain nombre intermédiaire entre λ_0 et λ.

Or, $F'(\lambda)$ étant une fonction croissante de λ, on aura, tant pour $\lambda > \lambda_0$ que pour $\lambda < \lambda_0$,

$$(\lambda - \lambda_0) F'(\bar{\lambda}) > (\lambda - \lambda_0) F'(\lambda_0).$$

En même temps, si l'on connaît encore une autre valeur approchée λ_1 de λ, telle que λ se trouve entre λ_0 et λ_1, on aura

$$(\lambda - \lambda_0) F'(\bar{\lambda}) < (\lambda - \lambda_0) F'(\lambda_1).$$

Par suite, notre équation conduira à ces deux inégalités

$$F(\lambda_0) + (\lambda - \lambda_0) F'(\lambda_0) < c,$$

$$F(\lambda_0) + (\lambda - \lambda_0) F'(\lambda_1) > c,$$

qui donnent

$$\lambda < \lambda_0 + \frac{c - F(\lambda_0)}{F'(\lambda_0)},$$

$$\lambda > \lambda_0 + \frac{c - F(\lambda_0)}{F'(\lambda_1)}.$$

En se servant de ces inégalités, on pourra atteindre assez proptement une très grande approximation.

12. La méthode précédente se réduisant principalement au calcul des valeurs de la fonction $f(\lambda)$ et de sa dérivée $f'(\lambda)$, il convient de dire quelques mots au sujet de ce calcul.

Reportons-nous à l'expression de la fonction $f(\lambda)$, savoir

$$l_0 + \frac{3}{2} l_1 \lambda + \frac{3.5}{2.4} l_2 \lambda^2 + \frac{3.5.7}{2.4.6} l_3 \lambda^3 + \cdots,$$

et supposons qu'en calculant cette série pour une valeur donnée de λ on s'arrête au terme

$$\frac{3.5\ldots(2n+1)}{2.4\ldots 2n} l_n \lambda^n,$$

de sorte que ce soit le dernier terme calculé.

Cherchons une limite supérieure pour l'erreur qui en provient.

Nous avons vu au n° 5 que l'on a

$$\frac{2n+1}{2n} \frac{l_n}{l_{n-1}} < 1,$$

du moins si $n > 2$.

Il s'ensuit que les coefficients des puissances de λ dans la série ci-dessus vont constamment en décroissant, du moins à partir du troisième terme.

Par suite, si l'on suppose $n > 1$, l'erreur dont il s'agit sera inférieure à

$$\frac{3.5\ldots(2n+1)}{2.4\ldots 2n} l_n \lambda^n (\lambda + \lambda^2 + \lambda^3 + \ldots).$$

Elle sera donc inférieure au dernier terme calculé, multiplié par

$$\frac{\lambda}{1-\lambda} = x.$$

Considérons ensuite la série

$$\frac{3}{2} l_1 + 2\,\frac{3.5}{2.4} l_2 \lambda + 3\,\frac{3.5.7}{2.4.6} l_3 \lambda^2 + \ldots,$$

qui définit la dérivée $f'(\lambda)$, et supposons qu'on s'arrête, en la calculant, au terme

$$n\,\frac{3.5\ldots(2n+1)}{2.4\ldots 2n} l_n \lambda^{n-1},$$

n étant plus grand que 1.

On commettra alors une erreur qui sera inférieure à

$$\frac{3.5\ldots(2n+1)}{2.4\ldots 2n} l_n [(n+1)\lambda^n + (n+2)\lambda^{n+1} + \ldots],$$

où l'expression en crochets est égale à

$$\frac{(n+1)\lambda^n}{1-\lambda} + \frac{\lambda^{n+1}}{(1-\lambda)^2}.$$

Donc l'erreur commise sera moindre que le dernier terme calculé, multiplié par

$$\varkappa\left(1+\frac{1+\varkappa}{n}\right).$$

13. Voyons maintenant quelles seront les valeurs de ρ, λ et $\varkappa$ que nous aurons à considérer dans ce qui suit.

Dans l'étude générale de l'équation (4) nous avons donné à ρ toutes les valeurs positives, et nous avons vu que, ρ croissant de 0 à ∞, q croît également de 0 à ∞.

Or, pour obtenir toute la série des ellipsoïdes de Jacobi, il suffit de varier q entre 0 et 1.

Nous supposerons donc désormais $q<1$, et alors nous n'aurons à considérer que les valeurs de ρ qui ne surpassent pas le nombre $0,514\ldots$, représentant la racine de l'équation qu'on déduit de celle $T_{2,3}=0$ en y posant $q=1$.

De cette façon nous aurons toujours

$$\varkappa=\frac{q}{\rho}<\frac{1}{0,514\ldots}<2$$

et, par suite,

$$\lambda=\frac{\varkappa}{\varkappa+1}<\frac{2}{3}.$$

Telles seront les limites supérieures de $\varkappa$ et λ, si l'on veut considérer tous les ellipsoïdes de Jacobi. Mais nous nous occuperons seulement des ellipsoïdes singuliers, qui donnent naissance aux séries de nouvelles figures d'équilibre, et nous avons vu que la plus grande valeur de ρ correspond à celui de ces ellipsoïdes, pour lequel, dans l'équation complémentaire $T_{m,2m}=0$ qui caractérise les ellipsoïdes singuliers, on a $m=3$. C'est donc à cet ellipsoïde que correspondront aussi les plus grandes valeurs de $\varkappa$ et de λ que nous aurons à considérer.

Dans le Mémoire *Sur la stabilité des figures ellipsoïdales d'équilibre*, nous avons calculé les valeurs approchées des rapports

$$\frac{\rho}{\rho+q}\quad\text{et}\quad\frac{\rho}{\rho+1}$$

qui correspondent à l'ellipsoïde singulier dont il s'agit, et nous y avons trouvé ces inégalités

$$(15)\qquad 0,637<\frac{\rho}{\rho+q}<0,638,$$

$$0,119<\frac{\rho}{\rho+1}<0,120.$$

Les deux dernières inégalités donnent

$$\rho < \frac{3}{22} = 0,136\,36\ldots,$$

$$\rho > \frac{119}{881} = 0,135\,07\ldots.$$

Ainsi, pour ce qui concerne ρ, nous n'aurons à considérer que des valeurs inférieures à $\frac{3}{22}$.

Quant aux inégalités (15), que l'on peut écrire

$$0,637 < 1 - \lambda < 0,638,$$

on en déduit

$$0,362 < \lambda < 0,363,$$

d'où il vient

$$\varkappa < \frac{363}{637} = 0,569\ldots,$$

$$\varkappa > \frac{181}{319} = 0,567\ldots.$$

Telles seront donc les plus grandes valeurs de λ et $\varkappa$ que nous pourrons rencontrer.

Quant enfin à q, l'égalité

$$q = \varkappa\rho$$

donne pour l'ellipsoïde considéré

$$q < \frac{99}{1274} = 0,0777\ldots,$$

$$q > \frac{181.119}{881.319} = 0,0766\ldots,$$

et cette valeur de q sera encore la plus grande parmi celles qui se présenteront dans notre étude.

14. Arrêtons-nous à l'ellipsoïde singulier que nous venons de considérer. Les inégalités précédentes donnent les valeurs des paramètres ρ, λ, $\varkappa$ et q, qui lui correspondent, avec une approximation peu avancée.

M. Darwin, en étudiant le même ellipsoïde, a poussé l'approximation plus loin, et, comme nous l'avons déjà indiqué dans la première Partie (n° 40), il est parvenu à un résultat qui donne, pour ρ et q, des valeurs peu différentes respectivement des nombres

$$(16) \qquad 0,13513 \quad \text{et} \quad 0,07687.$$

Malheureusement le degré de précision, avec lequel ces nombres représentent les valeurs exactes, est resté inconnu, puisque M. Darwin n'a pas apprécié l'erreur commise.

C'est pourquoi, voulant avoir une approximation plus avancée que celle fournie par les inégalités du numéro précédent, j'ai recommencé les calculs, et en définitive je suis arrivé, pour ρ et q, à des valeurs un peu plus grandes que les nombres (16), où la dernière décimale s'est trouvée être inexacte.

D'après les nombres (16), la valeur de ρ correspondant à l'ellipsoïde considéré doit se trouver entre

(17) $$0,1351 \quad \text{et} \quad 0,1352,$$

et je me suis d'abord proposé de reconnaître si ces nombres en sont réellement des limites.

Pour y parvenir, on peut se servir des considérations suivantes.

Soient ρ_0 une valeur donnée de ρ et q_0 la valeur de q qui lui correspond d'après l'équation $T_{2,3}=0$.

Pour reconnaître si ρ_0 est une limite supérieure ou une limite inférieure de la valeur de ρ qui nous intéresse, il n'y a qu'à rechercher le signe que prend $T_{3,6}$ lorsqu'on y pose $\rho=\rho_0$, $q=q_0$: si l'on a alors $T_{3,6}>0$, ρ_0 sera une limite supérieure, et si $T_{3,6}<0$, ρ_0 représentera une limite inférieure.

On voit donc que la principale chose à faire consiste dans la résolution préalable de l'équation $T_{2,3}=0$, où ρ est remplacé par la valeur qu'on veut essayer, et l'on voit qu'on devra calculer la valeur correspondante de q avec une précision assez grande pour que l'erreur n'ait aucune influence sur le signe de $T_{3,6}$.

En me servant de cette méthode, j'ai reconnu que la valeur cherchée de ρ se trouve effectivement entre les nombres (17).

En même temps, ayant calculé les valeurs que prend $T_{3,6}$ pour chacune de ces valeurs limites de ρ, j'en ai conclu par l'interpolation que la valeur cherchée de ρ ne doit pas différer beaucoup du nombre

$$0,13516\,7.$$

Vu cela, je me suis mis à examiner les nombres

(18) $$0,13516\,5 \quad \text{et} \quad 0,13517\,0,$$

et par le même procédé que précédemment j'ai établi qu'ils représentent des limites entre lesquelles est comprise la valeur cherchée.

De cette façon la valeur de ρ qui nous intéresse se trouva être représentée par le nombre

$$0,13517$$

à moins de cinq millionièmes.

Nous reviendrons encore sur ce sujet plus loin (nos 25 et 26), où seront indiquées les principales phases des calculs qui conduisent à ce résultat. Quant à présent, nous allons faire connaître les principaux résultats des calculs relatifs à la recherche des valeurs de λ, $\varkappa$ et q, qui correspondent aux valeurs de ρ représentées par les nombres (18).

15. Pour calculer les coefficients de l'équation (4), dont dépend l'évaluation de λ, nous nous sommes servi des formules du n° 9.

A l'aide de ces formules, présentées sous la forme

$$(n+2)\,a_{n+1} = (n+1)\,a_n - \tfrac{1}{2}c_n,$$
$$c_{n+1} = c_n - \rho(a_{n+1} - c_n),$$

le calcul s'avance assez rapidement, dès qu'on connaît déjà a_0 et c_0. Mais la recherche de a_0 constitue une partie assez laborieuse des calculs.

Tout d'abord il faut calculer le logarithme népérien

$$\log\frac{1+\sqrt{\rho+1}}{\sqrt{\rho}},$$

dont dépend l'expression de a_0, et il convient pour cela de le présenter sous la forme

$$\tfrac{1}{2}\log\left(1+2\,\frac{1+\sqrt{\rho+1}}{\rho}\right).$$

En supposant d'abord

$$\rho = 0,13517,$$

on trouve

$$\sqrt{\rho+1} = 1,06544\;35695\;990\left\{{}^{7}_{6}\right. \text{*)},$$

*) Notation abrégée, dont nous nous servirons dans ce qui suit pour exprimer qu'un nombre est compris entre deux limites, qui s'obtiennent, l'une, en écrivant à la suite du dernier chiffre qu'on trouve à gauche du signe { les chiffres placés en haut, l'autre, en y écrivant les chiffres placés en bas. De cette façon, par exemple, au lieu d'écrire ces deux inégalités

$$0,135165 < \rho < 0,135170,$$

on pourra écrire

$$\rho = 0,1351\left\{{}^{70}_{65}\right. \quad \text{ou} \quad \rho = 0,1351\left\{{}^{65}_{70}\right..$$

et ensuite,

$$\frac{1+\sqrt{\rho+1}}{\rho} = 15,28034\ 00872\ 90\left\{\begin{matrix}6\\5\end{matrix}\right. .$$

On a donc

$$1+2\,\frac{1+\sqrt{\rho+1}}{\rho} = 31,56068\ 01745\ 81\left\{\begin{matrix}2\\0\end{matrix}\right. ,$$

et pour le logarithme de ce nombre nous avons trouvé

$$3,45191\ 20475\ 382\left\{\begin{matrix}58\\31\end{matrix}\right. .$$

De cette façon il vient,

$$\log\frac{1+\sqrt{\rho+1}}{\sqrt{\rho}} = 1,72595\ 60237\ 691\left\{\begin{matrix}29\\15\end{matrix}\right. ,$$

et les formules (11) donnent ensuite

$$a_0 = 0,44330\ 23523\ 383\left\{\begin{matrix}60\\57\end{matrix}\right. ,$$

$$c_0 = 0,06880\ 17584\ 2655\left\{\begin{matrix}1\\8\end{matrix}\right. .$$

De même, en supposant

$$\rho = 0,13516\ 5,$$

on obtient successivement

$$\sqrt{\rho+1} = 1,06544\ 12231\ 559\left\{\begin{matrix}3\\2\end{matrix}\right. ,$$

$$1+2\,\frac{1+\sqrt{\rho+1}}{\rho} = 31,56177\ 59502\ 22\left\{\begin{matrix}8\\6\end{matrix}\right. ,$$

$$\log\frac{1+\sqrt{\rho+1}}{\sqrt{\rho}} = 1,72597\ 33832\ 907\left\{\begin{matrix}47\\34\end{matrix}\right. ,$$

et l'on en déduit

$$a_0 = 0,44330\ 34733\ 3422\left\{\begin{matrix}90\\68\end{matrix}\right. ,$$

$$c_0 = 0,06880\ 07114\ 118\left\{\begin{matrix}789\\842\end{matrix}\right. .$$

En partant de ces valeurs de a_0 et c_0, nous avons calculé, à l'aide des formules (11), les a_n et les c_n jusqu'à $n=24$, et la formule (12) nous a donné ensuite les l_n jusqu'à $n=23$.

On trouvera les nombres que nous avons ainsi obtenus dans les Tables qui sont ajoutées à ce Mémoire.

La Table II contient les valeurs de c et des l_n pour chacune des deux valeurs considérées de ρ. On y trouvera donc tout ce qui est nécessaire pour le calcul de λ.

Quant à la Table I, qui contient les valeurs des a_n, nous l'avons ajoutée non seulement pour faciliter la vérification des nombres de la Table II, mais encore pour donner tout ce qu'on doit avoir pour calculer la fonction $\frac{\Delta}{\rho}R$, qui se représente, d'après le n° 3, par la série

$$a_0 + \frac{1}{2}a_1\lambda + \frac{1.3}{2.4}a_2\lambda^2 + \frac{1.3.5}{2.4.6}a_3\lambda^3 + \ldots,$$

et dont les valeurs nous seront nécessaires dans la suite.

Remarquons que, pour ne pas compliquer les Tables, nous avons renoncé à la manière précedente d'écrire les nombres approchés, et que les nombres contenus dans les Tables sont écrits, comme à l'ordinaire, de telle manière que l'erreur soit en valeur absolue moindre que la moitié de l'unité de la dernière décimale écrite.

Après avoir formé les Tables des coefficients, nous nous sommes servi de la méthode du n° 11 pour calculer λ, et nous avons ensuite calculé $\varkappa$ et q par les formules

$$\varkappa = \frac{\lambda}{1-\lambda}, \qquad q = \varkappa\rho.$$

De cette manière nous avons obtenu les nombres qui sont groupés dans le Tableau suivant, où nous avons aussi placé les valeurs de la fonction $\frac{\Delta}{\rho}R$:

	$\rho = 0,13517\ 0$	$\rho = 0,13516\ 5$
λ	$0,36265\,5458\left\{\begin{smallmatrix}1\\0\end{smallmatrix}\right.$	$0,36264\,8151\left\{\begin{smallmatrix}2\\1\end{smallmatrix}\right.$
$\varkappa$	$0,56901\,0063\left\{\begin{smallmatrix}3\\0\end{smallmatrix}\right.$	$0,56899\,2075\left\{\begin{smallmatrix}4\\1\end{smallmatrix}\right.$
q	$0,07691\,3090\left\{\begin{smallmatrix}3\\2\end{smallmatrix}\right.$	$0,07690\,7813\left\{\begin{smallmatrix}9\\8\end{smallmatrix}\right.$
$\frac{\Delta}{\rho}R$	$0,48848\,4559\left\{\begin{smallmatrix}2\\1\end{smallmatrix}\right.$	$0,48848\,4750\left\{\begin{smallmatrix}2\\1\end{smallmatrix}\right.$

16. Pour rapprocher le résultat de nos calculs de celui qu'a obtenu M. Darwin, cherchons les rapports des demi-axes de l'ellipsoïde considéré au rayon de la sphère de même volume.

En désignant ces rapports par α, β, γ et en supposant $\alpha > \beta > \gamma$, nous aurons

$$\alpha^3 = \frac{\rho+1}{\sqrt{\rho(\rho+q)}} = \left(1+\frac{1}{\rho}\right)\sqrt{1-\lambda},$$

$$\beta^3 = \frac{\rho+q}{\sqrt{\rho(\rho+1)}} = \left(\frac{\rho}{\rho+1}\right)^{\frac{1}{2}}\frac{1}{1-\lambda},$$

$$\gamma^3 = \frac{\rho}{\sqrt{(\rho+1)(\rho+q)}} = \left(\frac{\rho}{\rho+1}\right)^{\frac{1}{2}}\sqrt{1-\lambda}.$$

Comme, d'après l'équation $T_{2,3}=0$, λ est une fonction croissante de ρ, on voit par ces formules que, ρ croissant, α décroîtra et β croîtra, et l'on sait, par la théorie des ellipsoïdes de Jacobi, que γ croîtra encore.

Par suite, pour avoir des limites entre lesquelles se trouvent les valeurs de α, β, γ pour l'ellipsoïde qui nous intéresse, il suffit de calculer ces quantités pour ces deux valeurs de ρ:

$$\rho = 0,13517\,0 \quad \text{et} \quad \rho = 0,13516\,5,$$

auxquelles correspondent respectivement

$$\lambda = 0,36265\,5458\left\{{}^1_0\right. \quad \text{et} \quad \lambda = 0,36264\,8151\left\{{}^2_1\right..$$

En supposant d'abord

$$\rho = 0,13517,$$

on trouve

$$1-\lambda = 0,63734\,454\left\{{}^{20}_{19}\right.,$$

$$\sqrt{1-\lambda} = 0,79833\,861\left\{{}^4_3\right.,$$

$$\sqrt{\frac{\rho}{\rho+1}} = 0,34507\,198\left\{{}^7_6\right.,$$

et d'après ces nombres les formules ci-dessus donnent

$$\alpha^3 = 6,70452\,0\left\{{}^6_5\right.,$$

$$\beta^3 = 0,54142\,1\left\{{}^5_4\right.,$$

$$\gamma^3 = 0,27548\,4\left\{{}^3_2\right.,$$

d'où l'on déduit

$$\alpha = 1,8856\left\{{}^{28}_{27},\right.$$

$$\beta = 0,8150\left\{{}^{40}_{39},\right.$$

$$\gamma = 0,6506\left\{{}^{78}_{77}.\right.$$

En supposant ensuite

$$\rho = 0,13516\ 5,$$

on trouve

$$1-\lambda = 0,63735\ 1848\left\{{}^{9}_{8},\right.$$

$$\sqrt{1-\lambda} = 0,79834\ 31\left\{{}^{90}_{89},\right.$$

$$\sqrt{\frac{\rho}{\rho+1}} = 0,34506\ 636\left\{{}^{5}_{4},\right.$$

d'où il vient

$$\alpha^3 = 6,70477\ 7\left\{{}^{5}_{4},\right.$$

$$\beta^3 = 0,54140\ 6\left\{{}^{4}_{3},\right.$$

$$\gamma^3 = 0,27548\ 1\left\{{}^{4}_{3},\right.$$

et enfin,

$$\alpha = 1,88565\left\{{}^{2}_{1},\right.$$

$$\beta = 0,81503\left\{{}^{2}_{1},\right.$$

$$\gamma = 0,65067\left\{{}^{5}_{4}.\right.$$

De là on déduit pour l'ellipsoïde en question

$$\alpha = 1,8856\left\{{}^{27}_{52},\right.$$

$$\beta = 0,8150\left\{{}^{40}_{31},\right.$$

$$\gamma = 0,6506\left\{{}^{78}_{74},\right.$$

et M. Darwin a trouvé *)

$$\alpha = 1,885\,827,$$

$$\beta = 0,8149\,75,$$

$$\gamma = 0,6506\,59.$$

On voit donc que, dans les nombres de M. Darwin, l'erreur commence, pour β et γ, à la cinquième place décimale et, pour α, même à la quatrième.

17. Outre l'ellipsoïde singulier que nous venons de considérer, et qui correspond à $m = 3$, nous avons encore examiné celui pour lequel $m = 4$.

Ayant reconnu, par une suite de tâtonnements, que la valeur de ρ répondant à cet ellipsoïde diffère peu du nombre 0,07, nous avons été conduits en définitive à examiner ces deux valeurs de ρ:

$$\rho = 0,0710 \quad \text{et} \quad \rho = 0,0709.$$

Signalons les principaux résultats que nous avons obtenus en cherchant les valeurs correspondantes de λ, $\varkappa$ et q.

Pour

$$\rho = 0,0710$$

nous avons trouvé

$$\log \frac{1+\sqrt{\rho+1}}{\sqrt{\rho}} = 2,03298\,01025\,36\left\{{}^{4}_{3}\right.$$

et ensuite,

$$a_0 = 0,46081\,10736\,460\left\{{}^{1}_{0}\right.,$$

$$c_0 = 0,05122\,50940\,21\left\{{}^{38}_{40}\right..$$

De même, pour

$$\rho = 0,0709$$

nous avons obtenu successivement

$$\log \frac{1+\sqrt{\rho+1}}{\sqrt{\rho}} = 2,03366\,10805\,3\left\{{}^{60}_{59}\right.,$$

$$a_0 = 0,46084\,47695\,620\left\{{}^{5}_{4}\right.,$$

$$c_0 = 0,05118\,87783\,900\left\{{}^{5}_{7}\right..$$

*) *Scientific Papers* by S. G. H. Darwin, vol. III, page 311. *Voir* aussi *Phil. Trans.*, A, vol. 198, p. 325.

En partant de là, nous avons calculé les a_n et les c_n jusqu'à $n = 14$, ce qui nous a donné ensuite les l_n jusqu'à $n = 13$.

Nous avons ainsi obtenu les nombres qu'on trouvera dans les Tables III et IV.

En nous servant de ces Tables, nous avons calculé les valeurs de λ, $\varkappa$, q et de $\frac{\Delta}{\rho}R$, et nous avons obtenu les nombres qui sont groupés dans ce Tableau:

	$\rho = 0,0710$	$\rho = 0,0709$
λ	$0,24957\ 190\left\{\begin{smallmatrix}9\\8\end{smallmatrix}\right.$	$0,24935\ 63\left\{\begin{smallmatrix}5\\4\end{smallmatrix}\right.$
$\varkappa$	$0,33257\ 271\left\{\begin{smallmatrix}89\\50\end{smallmatrix}\right.$	$0,33219\ 00\left\{\begin{smallmatrix}5\\3\end{smallmatrix}\right.$
q	$0,02361\ 2662\left\{\begin{smallmatrix}9\\7\end{smallmatrix}\right.$	$0,02355\ 227\left\{\begin{smallmatrix}5\\3\end{smallmatrix}\right.$
$\frac{\Delta}{\rho}R$	$0,49178\ 44\left\{\begin{smallmatrix}2\\1\end{smallmatrix}\right.$	$0,49179\ 1\left\{\begin{smallmatrix}3\\2\end{smallmatrix}\right.$

Nous verrons que les deux valeurs considérées de ρ représentent des limites, entre lesquelles se trouve la valeur de ρ correspondant à l'ellipsoïde singulier dont il s'agit.

Réduction de l'expression générale de T_m.

18. En passant à l'examen de l'équation complémentaire qui définit les ellipsoïdes singuliers, nous commencerons par chercher une expression de T_m, permettant de présenter cette équation sous une forme aussi simple que possible.

Pour cela, nous chercherons à exprimer T_m à l'aide de R et de Q (n° 3); et nous le ferons en considérant ρ et q comme des quantités indépendantes l'une de l'autre, dont celle q sera considérée comme une constante et ρ comme une variable.

En se reportant à la formule

$$T_m = R - \frac{1}{2m+1}\mathsf{E}_m\mathsf{F}_m,$$

on voit que la question revient à chercher une expression pour $\mathsf{E}_m\mathsf{F}_m$, et c'est de cela que nous allons nous occuper à présent.

Nous partirons de la formule, indiquée dans la première Partie (nº 13),

$$(1)\qquad \frac{\mathsf{EF}}{\Delta} = \frac{1}{\gamma}\int \frac{[E(\mu)E(\nu)]^2}{(\rho+\mu^2)(\rho+\nu^2)}\,d\sigma,$$

où, pour simplifier l'écriture, nous avons omis l'indice m, ce que nous ferons aussi dans la suite.

De même, pour

$$R = \frac{1}{3}\mathsf{E}_{1,0}\mathsf{F}_{1,0} \quad \text{et} \quad Q = \frac{1}{5}\mathsf{E}_{2,3}\mathsf{F}_{2,3},$$

nous prendrons les expressions analogues

$$R = \frac{\Delta}{3\gamma_{1,0}}\int \frac{\mu^2\nu^2\,d\sigma}{(\rho+\mu^2)(\rho+\nu^2)},$$

$$Q = \frac{\Delta}{5\gamma_{2,3}}\int \frac{\mathsf{M}^2\mathsf{N}^2\,d\sigma}{(\rho+\mu^2)(\rho+\nu^2)},$$

en posant, pour abréger,

$$\sqrt{(1-\mu^2)(q-\mu^2)} = \mathsf{M}, \quad \sqrt{(1-\nu^2)(\nu^2-q)} = \mathsf{N}.$$

Dans ces formules on a

$$\gamma = \int [E(\mu)E(\nu)]^2\,d\sigma,$$

$$\gamma_{1,0} = \int \mu^2\nu^2\,d\sigma, \qquad \gamma_{2,3} = \int \mathsf{M}^2\mathsf{N}^2\,d\sigma,$$

l'intégration étant étendue à tous les éléments $d\sigma$ de la surface de la sphère de rayon 1.

En se servant des formules

$$(1-\mu^2)(1-\nu^2) = (1-q)\sin^2\theta\cos^2\psi,$$

$$(q^2-\mu^2)(\nu^2-q) = q(1-q)\sin^2\theta\sin^2\psi,$$

$$\mu^2\nu^2 = q\cos^2\theta,$$

et en faisant varier θ entre 0 et π, ψ entre 0 et 2π, on obtiendra tout de suite

$$\gamma_{1,0} = \frac{4\pi}{3}q, \qquad \gamma_{2,3} = \frac{4\pi}{15}q(1-q)^2.$$

De cette façon il viendra

$$R = \frac{\Delta}{4\pi q}\int \frac{\mu^2\nu^2\,d\sigma}{(\rho+\mu^2)(\rho+\nu^2)},$$

$$Q = \frac{3\Delta}{4\pi q(1-q)^2}\int \frac{\mathrm{M}^2\mathrm{N}^2\,d\sigma}{(\rho+\mu^2)(\rho+\nu^2)}.$$

Occupons-nous d'abord de ces dernières formules.

19. En tenant compte de l'expression

$$d\sigma = \frac{(\nu^2-\mu^2)\,d\mu\,d\nu}{\mathrm{M}\mathrm{N}},$$

et en faisant, pour abréger,

$$\int_0^{\sqrt{q}} \frac{\mu^{2n}\,d\mu}{\mathrm{M}} = a_n, \qquad \int_{\sqrt{q}}^1 \frac{\nu^{2n}\,d\nu}{\mathrm{N}} = b_n,$$

$$\int_0^{\sqrt{q}} \mathrm{M}\,d\mu = \frac{1}{3}a, \qquad \int_{\sqrt{q}}^1 \mathrm{N}\,d\nu = \frac{1}{3}b,$$

nous aurons

$$q\frac{R}{\Delta} = \frac{2}{\pi}\left(b_1\int_0^{\sqrt{q}} \frac{\mu^2\,d\mu}{(\rho+\mu^2)\mathrm{M}} - a_1\int_{\sqrt{q}}^1 \frac{\nu^2\,d\nu}{(\rho+\nu^2)\mathrm{N}}\right),$$

$$q(1-q)^2\frac{Q}{\Delta} = \frac{2}{\pi}\left(b\int_0^{\sqrt{q}} \frac{\mathrm{M}^2\,d\mu}{(\rho+\mu^2)\mathrm{M}} - a\int_{\sqrt{q}}^1 \frac{\mathrm{N}^2\,d\nu}{(\rho+\nu^2)\mathrm{N}}\right).$$

Posons ensuite

$$\int_0^{\sqrt{q}} \frac{d\mu}{(\rho+\mu^2)\mathrm{M}} = x, \qquad \int_{\sqrt{q}}^1 \frac{d\nu}{(\rho+\nu^2)\mathrm{N}} = y$$

et exprimons les intégrales dépendant de ρ à l'aide de x et de y.

Nous avons

$$\int_0^{\sqrt{q}} \frac{\mu^2\,d\mu}{(\rho+\mu^2)\mathrm{M}} = a_0 - \rho x,$$

$$\int_{\sqrt{q}}^1 \frac{\nu^2\,d\nu}{(\rho+\nu^2)\mathrm{N}} = b_0 - \rho y,$$

et comme on peut écrire

$$\begin{aligned} M^2 &= \quad (\rho+1)(\rho+q) - (\rho+\mu^2)(1+q+\rho-\mu^2), \\ N^2 &= -(\rho+1)(\rho+q) + (\rho+\nu^2)(1+q+\rho-\nu^2), \end{aligned}$$

il vient

$$\int_0^{\sqrt{q}} \frac{M^2\, d\mu}{(\rho+\mu^2)M} = \quad (\rho+1)(\rho+q)x - (1+q+\rho)a_0 + a_1,$$

$$\int_{\sqrt{q}}^1 \frac{N^2\, d\nu}{(\rho+\nu^2)N} = -(\rho+1)(\rho+q)y + (1+q+\rho)b_0 - b_1.$$

D'autre part, on a évidemment

$$\begin{aligned} \frac{1}{8}a &= \quad a_2 - (1+q)a_1 + qa_0, \\ \frac{1}{8}b &= -b_2 + (1+q)b_1 - qb_0. \end{aligned}$$

Or les a_n et les b_n sont liés par les relations

$$(2n+3)a_{n+2} - (2n+2)(1+q)a_{n+1} + (2n+1)qa_n = 0,$$

$$(2n+3)b_{n+2} - (2n+2)(1+q)b_{n+1} + (2n+1)qb_n = 0,$$

qui permettent de réduire les expressions de a et de b à celles-ci:

$$\begin{aligned} a &= -(1+q)a_1 + 2qa_0, \\ b &= \quad (1+q)b_1 - 2qb_0. \end{aligned}$$

Tenant compte de cela, et en remarquant que

$$a_0 b_1 - b_0 a_1 = \frac{\pi}{2},$$

le premier membre n'étant autre chose que $\frac{1}{8}\int d\sigma$, nous parviendrons aux formules

$$q\frac{R}{\Delta} = 1 + \frac{2}{\pi}\rho(a_1 y - b_1 x),$$

$$q(1-q)^2\frac{Q}{\Delta} = 2q - (1+q)(\rho+1+q) + \frac{2}{\pi}(\rho+1)(\rho+q)(ay+bx).$$

Nous aurons donc

$$(2)\qquad \begin{cases} \dfrac{2}{\pi}(a_1 y + b_1 x) = R_1, \\[2ex] \dfrac{2}{\pi}(a\, y + b\, x) = Q_1, \end{cases}$$

en entendant par R_1 et Q_1 les expressions:

$$(3)\qquad \begin{cases} R_1 = \dfrac{q}{\rho}\dfrac{R}{\Delta} - \dfrac{1}{\rho}, \\[2ex] Q_1 = \dfrac{q(1-q)^2}{(\rho+1)(\rho+q)}\dfrac{Q}{\Delta} + \dfrac{q}{\rho+1} + \dfrac{1}{\rho+q}. \end{cases}$$

Signalons les formules

$$(4)\qquad \begin{cases} \dfrac{d\Delta R_1}{d\rho} = -\dfrac{\rho}{2\Delta}, \\[2ex] \dfrac{d\Delta Q_1}{d\rho} = \dfrac{(1+q)\rho + 2q}{2\Delta}, \end{cases}$$

que l'on obtient tout de suite en remplaçant R et Q par leurs expressions, considérées au n° 3.

20. Venons à la formule (1). Mais d'abord précisons ce que nous entendrons par les notations $\mathsf{E} = \mathsf{E}(\rho)$, $E(\mu)$ et $E(\nu)$.

Pour la formule (1) il est indifférent quels sont les facteurs constants que peuvent renfermer, d'une part, la fonction $\mathsf{E}(\rho)$ et, d'autre part, les fonctions $E(\mu)$ et $E(\nu)$. Mais, pour ce qui va suivre, il importe de faire à ce sujet une hypothèse déterminée.

D'une manière générale, par la fonction $\mathsf{E}_{n,s}(u)$, que nous n'avions à considérer que dans le cas de u positif, nous avons entendu la fonction $E_{s,n}(\sqrt{-u})$ à l'argument purement imaginaire (**I**, n° 13). Mais pour cette dernière fonction, en passant du cas de l'argument purement imaginaire au cas de l'argument réel, on pouvait changer la valeur du facteur constant qu'elle renferme.

A présent, en admettant l'égalité

$$\mathsf{E}_{n,s}(u) = E_{n,s}(\sqrt{-u}),$$

nous supposerons que ce facteur reste le même dans tous les cas, et d'ailleurs, pour fixer les idées, nous le choisirons de telle manière que la plus haute puissance de u dans la fonction entière $[\mathbf{E}_{n,s}(u)]^2$ ait 1 pour coefficient.

Cela posé, reportons-nous à la formule (1) et faisons

$$\int_0^{\sqrt{q}} \frac{[E(\mu)]^2 d\mu}{(\rho+\mu^2)\mathbf{M}} = \xi, \qquad \int_{\sqrt{q}}^1 \frac{[E(\nu)]^2 d\nu}{(\rho+\nu^2)\mathbf{N}} = \eta,$$

$$\int_0^{\sqrt{q}} \frac{[E(\mu)]^2 d\mu}{\mathbf{M}} = \alpha, \qquad \int_{\sqrt{q}}^1 \frac{[E(\nu)]^2 d\nu}{\mathbf{N}} = \beta.$$

Nous pourrons alors la présenter sous la forme

$$\frac{\mathbf{EF}}{\Delta} = \frac{8}{\gamma}(\beta\xi - \alpha\eta).$$

Or, au lieu des intégrales ξ et η, on peut y introduire celles que nous avons désignées par x et y.

En effet, d'après ce que nous venons de dire, les expressions

$$\xi - \mathbf{E}^2 x = \int_0^{\sqrt{q}} \frac{[E(\mu)]^2 - \mathbf{E}^2}{\rho+\mu^2} \frac{d\mu}{\mathbf{M}},$$

$$\eta - \mathbf{E}^2 y = \int_{\sqrt{q}}^1 \frac{[E(\nu)]^2 - \mathbf{E}^2}{\rho+\nu^2} \frac{d\nu}{\mathbf{N}}$$

représenteront des fonctions entières de ρ.

Nous pouvons donc écrire

$$\frac{\mathbf{EF}}{(2m+1)\Delta} = \frac{8}{(2m+1)\gamma}(\beta x - \alpha y)\mathbf{E}^2 + \Pi,$$

en entendant par Π un polynôme entier en ρ.

Il est à remarquer que le degré de ce polynôme sera au plus égal à $m-1$. C'est ce qu'on voit par les égalités ci-dessus, $\mathbf{E}^2$ étant une fonction entière de degré m.

Pour aller plus loin, nous devons distinguer les deux cas qui pourront se présenter: celui de m pair et celui de m impair.

Dans le cas de m pair, $\mathbf{E}$ sera une fonction entière de ρ ne s'annulant pas pour les valeurs de ρ qui annulent Δ et ayant tous ses facteurs linéaires différents. Quant au cas de m impair, ce sera le produit d'une telle fonction par $\sqrt{\rho+1}$.

De là on peut conclure que le polynôme Π sera divisible, dans le cas de m pair, par E, dans le cas de m impair, par $\frac{\mathsf{E}}{\sqrt{\rho+1}}$.

En effet, soit, pour abréger,

$$\frac{8}{(2m+1)\gamma}(\beta x - \alpha y) = z.$$

Notre égalité deviendra

$$\frac{\mathsf{EF}}{(2m+1)\Delta} = z\mathsf{E}^2 + \Pi,$$

et l'on en déduit

$$\frac{1}{2m+1}\frac{d}{d\rho}\frac{\mathsf{F}}{\mathsf{E}} = \frac{d\Delta z}{d\rho} + \frac{d}{d\rho}\frac{\Delta\Pi}{\mathsf{E}^2}.$$

Or, d'après la formule

$$\mathsf{F} = \frac{2m+1}{2}\mathsf{E}\int_\rho^\infty \frac{d\rho}{\mathsf{E}^2\Delta},$$

le premier membre est égal à

$$-\frac{1}{2\mathsf{E}^2\Delta}.$$

Nous aurons donc

$$\mathsf{E}^2\frac{d}{d\rho}\frac{\Delta\Pi}{\mathsf{E}^2} = -\mathsf{E}^2\frac{d\Delta z}{d\rho} - \frac{1}{2\Delta}. \tag{5}$$

Nous remarquons maintenant que les fonctions x et y n'ont pas d'autres points critiques que ceux qui correspondent à

$$\rho = 0, \qquad \rho = -q, \qquad \rho = -1.$$

Par suite, la dérivée

$$\frac{d\Delta z}{d\rho}$$

sera finie, tant que Δ ne s'annule pas, et le second membre de l'égalité (5) le sera encore.

Or il en résulte que la fonction

$$\Delta\frac{\Pi}{\mathsf{E}}\frac{d\mathsf{E}}{d\rho}$$

ne deviendra pas infinie quand on fera tendre ρ vers une valeur quelconque, qui annule E sans annuler Δ; et cela, eu égard à ce que nous avons dit au sujet de E, conduit à la conclusion que

$$\frac{\Pi}{\mathsf{E}} \quad \text{ou} \quad \sqrt{\rho+1}\,\frac{\Pi}{\mathsf{E}},$$

selon que m est pair ou impair, sera une fonction entière de ρ.

Soit P cette fonction entière.

Nous aurons:

$$\text{pour } m \text{ pair,} \quad \frac{\mathsf{F}}{\Delta} = \frac{8}{\gamma}(\beta x - \alpha y)\mathsf{E} + (2m+1)P,$$

$$\text{pour } m \text{ impair,} \quad \frac{\mathsf{F}}{\Delta} = \frac{8}{\gamma}(\beta x - \alpha y)\mathsf{E} + \frac{(2m+1)P}{\sqrt{\rho+1}},$$

et si nous remplaçons ici x et y par leurs valeurs, tirées des équations (2), nous parviendrons à un résultat de la forme:

$$(6) \quad \begin{cases} \text{pour } m \text{ pair,} & \dfrac{\mathsf{F}}{(2m+1)\Delta} = P - (gR_1 + \mathfrak{g}Q_1)\mathsf{E}, \\ \text{pour } m \text{ impair,} & \dfrac{\mathsf{F}}{(2m+1)\Delta} = \dfrac{P}{\sqrt{\rho+1}} - (gR_1 + \mathfrak{g}Q_1)\mathsf{E}, \end{cases}$$

où g et $\mathfrak{g}$ sont des constantes *).

Il ne reste donc qu'à déterminer ces constantes et le polynôme P, et nous allons montrer qu'on peut le faire d'une manière tout à fait générale.

21. Pour évaluer le polynôme P, nous partirons de l'identité (5), où l'on a évidemment

$$z = -gR_1 - \mathfrak{g}Q_1,$$

et où l'on doit poser

$$\Pi = \mathsf{E}P \quad \text{ou} \quad \Pi = \frac{\mathsf{E}}{\sqrt{\rho+1}}P,$$

suivant que m est pair ou impair.

---

*) En effet, les quantités que nous avons désignées par a_n, b_n, a, b, α, β, γ ne dépendent que de q. Ce sont donc, à notre point de vue actuel, des constantes.

Considérons d'abord le cas de m pair et posons $m = 2n$.

La fonction E sera alors de la forme

$$(\rho + h_1)(\rho + h_2)\ldots(\rho + h_n),$$

où $h_1, h_2, \ldots, h_n$ sont des nombres différents, compris entre q et 1 (**1**, nº 38); et, en nous reportant à l'identité (5), qui s'écrira

$$\mathsf{E}^2 \frac{d}{d\rho} \frac{\Delta P}{\mathsf{E}} = - \mathsf{E}^2 \frac{d\Delta z}{d\rho} - \frac{1}{2\Delta},$$

nous en conclurons que, si l'on fait ρ égal à l'un des nombres

$$-h_1, \quad -h_2, \quad \ldots, \quad -h_n,$$

le polynôme P deviendra égal à la valeur correspondante de la fonction

$$\frac{1}{2\Delta^2 \mathsf{E}'},$$

où $\mathsf{E}' = \frac{d\mathsf{E}}{d\rho}$.

De cette façon nous connaissons les valeurs du polynôme P pour n valeurs différentes de ρ, et comme le degré de ce polynôme est au plus égal à $n - 1$ (puisque le degré de Π est au plus égal à $m - 1$), cela suffit pour pouvoir écrire immédiatement, d'après la formule de Lagrange,

$$(7) \qquad P = \sum_{i=1}^{n} \frac{1}{2 h_i (1 - h_i)(h_i - q)[\mathsf{E}'(-h_i)]^2} \frac{\mathsf{E}}{\rho + h_i}.$$

Considérons maintenant le cas de m impair et posons $m = 2n + 1$.

Alors nous aurons

$$\mathsf{E} = \sqrt{\rho + 1}\,(\rho + h_1)(\rho + h_2)\ldots(\rho + h_n),$$

les h_i étant compris entre q et 1, et l'identité (5) prendra la forme

$$\mathsf{E}^2 \frac{d}{d\rho} \frac{\sqrt{\rho(\rho + q)}\, P}{\mathsf{E}} = - \mathsf{E}^2 \frac{d\Delta z}{d\rho} - \frac{1}{2\Delta},$$

ou bien,

$$P = \frac{1}{2\rho(\rho + q)\sqrt{\rho + 1}\,\mathsf{E}'} + \frac{\mathsf{E}}{\sqrt{\rho(\rho + q)}\,\mathsf{E}'} \left[\mathsf{E} \frac{d\Delta z}{d\rho} + \frac{d\sqrt{\rho(\rho + q)}\, P}{d\rho} \right].$$

De là on voit immédiatement que pour $\rho = -h_i$ le polynôme P prendra la même valeur que la fonction

$$\frac{1}{2\rho(\rho+q)\sqrt{\rho+1}\,\mathsf{E}'}.$$

Or il est facile de voir que pour $\rho = -1$ les valeurs du polynôme P et de cette fonction seront encore égales entre elles.

En effet, on a

$$\frac{d\Delta z}{d\rho} = -g\frac{d\Delta R_1}{d\rho} - g\frac{d\Delta Q_1}{d\rho},$$

et en se reportant aux formules (4), on en conclut que le produit

$$\sqrt{\rho+1}\,\frac{d\Delta z}{d\rho}$$

sera fini pour $\rho = -1$. Donc le produit

$$\mathsf{E}\frac{d\Delta z}{d\rho}$$

le sera encore, et notre égalité, en y faisant $\rho = -1$, deviendra

$$P(-1) = \lim\left[\frac{1}{2\rho(\rho+q)\sqrt{\rho+1}\,\mathsf{E}'}\right]_{\rho=-1}.$$

Ainsi, pour le polynôme P, qui est au plus de degré n, nous connaissons les valeurs pour $n+1$ valeurs différentes de ρ, ce qui permet, comme précédemment, d'écrire son expression.

A cet effet posons

$$(\rho+1)(\rho+h_1)(\rho+h_2)\ldots(\rho+h_n) = \Phi(\rho),$$

de sorte qu'il viendra

$$\Phi(\rho) = \sqrt{\rho+1}\,\mathsf{E}.$$

Alors nous aurons

$$P(-h_i) = \frac{1}{2h_i(h_i-q)\Phi'(-h_i)},$$

$$P(-1) = \frac{1}{(1-q)\Phi'(-1)},$$

et nous pourrons, par suite, écrire

$$(8)\qquad P=\sum_{i=1}^{n}\frac{1}{2h_i(h_i-q)[\Phi'(-h_i)]^2}\frac{\Phi(\rho)}{\rho+h_i}+\frac{1}{(1-q)[\Phi'(-1)]^2}\frac{\Phi(\rho)}{\rho+1}.$$

Remarquons que les expressions du polynôme P que nous venons d'obtenir ont été données par Heine.

22. Il nous reste encore à déterminer les constantes g et $\mathfrak{g}$.

Pour cela, en nous reportant aux formules (6), nous remarquons qu'on peut les écrire comme il suit:

$$\text{pour } m \text{ pair,}\qquad gR_1+\mathfrak{g}Q_1=\frac{P}{\mathsf{E}}-\frac{1}{2m+1}\frac{\mathsf{F}}{\Delta\mathsf{E}},$$

$$\text{pour } m \text{ impair,}\qquad gR_1+\mathfrak{g}Q_1=\frac{P}{\Phi}-\frac{1}{2m+1}\frac{\mathsf{F}}{\Delta\mathsf{E}}.$$

Cela posé, développons les deux membres suivant les puissances décroissantes de ρ, et égalons ensuite entre eux les coefficients des termes semblables.

Par les expressions de R et Q qui nous ont servi au n° 18 de point de départ, on voit que les développements des fonctions

$$\frac{R}{\Delta}\quad\text{et}\quad\frac{Q}{\Delta}$$

suivant les puissances décroissantes de ρ commencent respectivement par les termes

$$\frac{1}{3}\frac{1}{\rho^2}\quad\text{et}\quad\frac{1}{5}\frac{1}{\rho^2}.$$

Par suite, les formules (3) donnent

$$R_1=-\frac{1}{\rho}\qquad+\frac{q}{3}\frac{1}{\rho^3}+\dots,$$

$$Q_1=\frac{1+q}{\rho}-\frac{2q}{\rho^2}+\frac{q(1+q)}{\rho^3}+\dots,$$

et nous aurons ainsi, pour le développement du premier membre dans les égalités ci-dessus,

$$\frac{(1+q)\mathfrak{g}-g}{\rho}-\frac{2q\mathfrak{g}}{\rho^2}+\frac{q}{3}\frac{g+3(1+q)\mathfrak{g}}{\rho^3}+\dots.$$

Quant au second membre, pour écrire son développement, on doit considérer séparément les cas de m pair et de m impair.

En considérant d'abord le cas de m pair, et en faisant, comme précédemment $m=2n$, nous aurons d'après la formule (7)

$$\frac{P}{E}=\sum_{i=1}^{n}\Omega_i\frac{1}{\rho}-\sum_{i=1}^{n}\Omega_i h_i\frac{1}{\rho^2}+\sum_{i=1}^{n}\Omega_i h_i^2\frac{1}{\rho^3}+\ldots,$$

où

$$\Omega_i=\frac{1}{2h_i(1-h_i)(h_i-q)[E'(-h_i)]^2};$$

et, quant à la fonction

$$\frac{F}{\Delta E},$$

la formule (1) fait voir que son développement commencera par le terme

$$\frac{1}{\rho^{m+2}}.$$

Par suite, en nous bornant aux termes en

$$\frac{1}{\rho},\quad\frac{1}{\rho^2},\quad\frac{1}{\rho^3},$$

nous aurons les équations:

$$(1+q)g-g=\sum\Omega_i,$$

$$2qg=\sum\Omega_i h_i,$$

$$\frac{1}{8}qg+q(1+q)g=\sum\Omega_i h_i^2,$$

dont la seconde donne immédiatement g.

Quant à g, pour arriver à une expression aussi simple que possible, multiplions ces équations,

la première, par $-q$,

la deuxième, par $1+q$,

la troisième, par -1

et ajoutons-les ensuite membre à membre. Alors il viendra

$$\frac{2}{3}qg = \sum \Omega_i(1-h_i)(h_i-q).$$

De cette façon nous obtenons:

$$(9)\quad \begin{cases} \text{pour } m = 2n, \\ g = \dfrac{3}{4q}\displaystyle\sum_{i=1}^{n} \frac{1}{h_i[\mathrm{E}'(-h_i)]^2}, \\ g = \dfrac{1}{4q}\displaystyle\sum_{i=1}^{n} \frac{1}{(1-h_i)(h_i-q)[\mathrm{E}'(-h_i)]^2}. \end{cases}$$

Considérons maintenant le cas de m impair et posons $m = 2n+1$. Alors, en faisant, pour abréger,

$$\frac{1}{2h_i(h_i-q)[\Phi'(-h_i)]^2} = \Omega_i, \qquad \frac{1}{(1-q)[\Phi'(-1)]^2} = \Omega,$$

nous aurons d'après la formule (8)

$$\begin{aligned} \frac{P}{\Phi} = \sum_{i=1}^{n} \Omega_i \frac{1}{\rho} - \sum_{i=1}^{n} \Omega_i h_i \frac{1}{\rho^2} + \sum_{i=1}^{n} \Omega_i h_i^2 \frac{1}{\rho^3} + \cdots \\ + \Omega \frac{1}{\rho} \qquad - \Omega \frac{1}{\rho^2} \qquad + \Omega \frac{1}{\rho^3} + \cdots. \end{aligned}$$

Nous aurons donc ces équations:

$$(1+q)g - g = \sum \Omega_i + \Omega,$$

$$2qg = \sum \Omega_i h_i + \Omega,$$

$$\frac{1}{3}qg + q(1+q)g = \sum \Omega_i h_i^2 + \Omega,$$

qui donnent, comme précédemment,

$$\frac{2}{3}qg = \sum \Omega_i(1-h_i)(h_i-q).$$

Par suite, dans le cas de m impair on aura:

$$(10)\quad \begin{cases} \text{pour } m = 2n+1, \\ g = \dfrac{3}{4q}\displaystyle\sum_{i=1}^{n} \dfrac{1-h_i}{h_i\,[\Phi'(-h_i)]^2}, \\ \mathsf{g} = \dfrac{1}{4q}\displaystyle\sum_{i=1}^{n} \dfrac{1}{(h_i-q)\,[\Phi'(-h_i)]^2} + \dfrac{1}{2q(1-q)\,[\Phi'(-1)]^2}, \end{cases}$$

où

$$\Phi(\rho) = (\rho+1)(\rho+h_1)(\rho+h_2)\dots(\rho+h_n).$$

Comme tous les h_i sont compris entre q et 1, on voit par ces formules que, dans les deux cas, les constantes g et g seront positives.

Pour ce qui va suivre il est utile de remarquer que le polynôme P est la partie entière du développement suivant les puissances décroissantes de ρ de l'expression

$$(gR_1 + \mathsf{g}Q_1)\,\mathsf{E}$$

ou de l'expression

$$(gR_1 + \mathsf{g}Q_1)\,\Phi,$$

selon que m est pair ou impair; de sorte que, en nous servant de la notation employée dans la deuxième Partie, nous pourrons écrire

$$\text{pour } m \text{ pair,}\qquad P = \mathbf{E}\,(gR_1 + \mathsf{g}Q_1)\,\mathsf{E},$$

$$\text{pour } m \text{ impair,}\qquad P = \mathbf{E}\,(gR_1 + \mathsf{g}Q_1)\,\Phi.$$

23. Maintenant tout est connu dans les formules (6), et nous pouvons former l'expression requise pour

$$T_m = R - \frac{1}{2m+1}\,\mathsf{EF}.$$

Cette expression sera

$$T_m = \left(1 + g\,\frac{q}{\rho}\,\mathsf{E}^2\right)R + \mathsf{g}\,\frac{q(1-q)^2}{(\rho+1)(\rho+q)}\,\mathsf{E}^2 Q - K\Delta,$$

K étant donné par les formules:

pour m pair,

$$K = \left[P + g\frac{\mathsf{E}}{\rho} - g\left(\frac{q}{\rho+1} + \frac{1}{\rho+q}\right)\mathsf{E}\right]\mathsf{E}; \tag{11}$$

pour m impair,

$$K = \left[P + g\frac{\Phi}{\rho} - g\left(\frac{q}{\rho+1} + \frac{1}{\rho+q}\right)\Phi\right]\frac{\mathsf{E}}{\sqrt{\rho+1}}. \tag{12}$$

C'est là une expression générale de T_m, qui ne suppose aucune relation entre ρ et q.

Or supposons maintenant que ces paramètres soient liés par l'équation $T_{2,3} = 0$, et considérons q comme fonction de ρ.

Nous devrons alors poser $Q = R$, et l'expression précédente, en faisant, pour abréger,

$$\rho + gq\mathsf{E}^2 + g\frac{q(1-q)^2\rho}{(\rho+1)(\rho+q)}\mathsf{E}^2 = L, \tag{13}$$

deviendra

$$T_m = L\frac{R}{\rho} - K\Delta.$$

En posant encore

$$\frac{K\Delta^2}{L} = J,$$

nous aurons

$$\frac{\Delta}{L}T_m = \frac{\Delta}{\rho}R - J, \tag{14}$$

et c'est pour cette expression, où tout sera connu en fonction de ρ, qu'il faudra déterminer le signe quand on cherchera les limites, entre lesquelles se trouve la valeur de ρ satisfaisant à l'équation

$$T_m = 0.$$

Comme L est un nombre positif, le signe de T_m sera le même que celui de l'expression (14).

Par suite, si cette expression, pour une valeur ρ_0 de ρ se trouve être positive, on en conclura que ρ_0 est une limite supérieure pour la racine unique de l'équation ci-dessus. Si au contraire on trouve que l'expression (14) devient pour $\rho=\rho_0$ négative, on devra conclure que ρ_0 est une limite inférieure pour ladite racine (**1**, nos 39 et 44).

Maintenant appliquons les considérations générales que nous avons développées à deux cas particuliers les plus simples.

Cas de $m=3$.

24. Dans ce cas nous aurons

$$\mathbf{E}=\sqrt{\rho+1}\,(\rho+h),$$

h étant une racine de l'équation

$$\frac{1}{h}+\frac{3}{h-1}+\frac{1}{h-q}=0$$

(**1**, no 41), qui se réduit à

$$5h^2-2(1+2q)h+q=0; \tag{15}$$

et, pour K, nous devrons prendre l'expression (12), où l'on aura à présent

$$\Phi=(\rho+1)(\rho+h).$$

Le polynôme P qui figure dans cette expression est la partie entière de la fonction

$$(gR_1+gQ_1)\Phi,$$

développée suivant les puissances décroissantes de ρ.

Or, par les formules (3), on voit que

$$\mathbf{E}\,(gR_1+gQ_1)f(\rho)=\mathbf{E}\left[g\left(\frac{q}{\rho+1}+\frac{1}{\rho+q}\right)-\frac{g}{\rho}\right]f(\rho),$$

toutes les fois que $f(\rho)$ est une fonction entière de premier ou de second degré.

Nous aurons donc

$$P=\mathbf{E}\left[g\left(\frac{q}{\rho+1}+\frac{1}{\rho+q}\right)\Phi-g\frac{\Phi}{\rho}\right],$$

ce qui conduit immédiatement à cette expression pour K:

$$K = \left[g\,\frac{h}{\rho} - \mathbf{g}\,\frac{(1-q)(h-q)}{\rho+q} \right](\rho+h).$$

Nous avons ensuite, d'après les formules (10),

$$g = \frac{3}{4qh(1-h)},$$

$$\mathbf{g} = \frac{1}{4q(h-q)(1-h)^2} + \frac{1}{2q(1-q)(1-h)^2},$$

et l'expression de $\mathbf{g}$ se réduit à

$$\mathbf{g} = \frac{2h+1-3q}{4q(1-q)(h-q)(1-h)^2}.$$

Or l'équation (15) peut se mettre sous la forme

$$2h^2 + (1-3q)h = (3h-q)(1-h).$$

Il vient donc

$$\mathbf{g} = \frac{3h-q}{4q(1-q)h(h-q)(1-h)}.$$

De cette façon nous obtenons

$$K = \frac{\rho+h}{4qh(1-h)}\left(\frac{3h}{\rho} - \frac{3h-q}{\rho+q}\right),$$

ou bien,

$$K = \frac{(\rho+h)(\rho+3h)}{4h(1-h)\rho(\rho+q)}.$$

On a donc

$$K\Delta^2 = \frac{(\rho+1)(\rho+h)(\rho+3h)}{4h(1-h)}.$$

Venons maintenant à la formule (13).

En y substituant les valeurs trouvées pour g et $\mathbf{g}$, nous obtenons

$$4h(1-h)(\rho+q)L = 4h(1-h)\rho(\rho+q) + (\rho+h)^2\left[3(\rho+1)(\rho+q) + \frac{3h-q}{h-q}(1-q)\rho\right],$$

et cela, en tenant compte de l'équation (15), qui donne

$$(1-q)\frac{3h-q}{h-q}=10h-1-q,$$

se réduit à

$$4h(1-h)(\rho+q)L=4h\Delta^2+[3\rho^2+2(1+q)\rho+q](\rho+h)(\rho+3h),$$

ce qu'on peut encore écrire ainsi:

$$\frac{4h(1-h)}{\rho+1}L=4h\rho+\left(1+\frac{\rho}{\rho+1}+\frac{\rho}{\rho+q}\right)(\rho+h)(\rho+3h).$$

De cette manière nous obtenons pour la quantité

$$J=\frac{K\Delta^2}{L}$$

l'expression suivante:

$$J=\frac{(\rho+h)(\rho+3h)}{4h\rho+\left(1+\frac{\rho}{\rho+1}+\frac{\rho}{\rho+q}\right)(\rho+h)(\rho+3h)}.$$

En posant

$$\frac{4h\rho}{(\rho+h)(\rho+3h)}=p,$$

et remarquant que, avec la notation introduite au n° 3, on a

$$\frac{\rho}{\rho+q}=1-\lambda,$$

nous présenterons cette expression sous la forme

$$J=\frac{1}{2-\lambda+\frac{\rho}{\rho+1}+p}.$$

Cela posé, passons aux calculs numériques.

25. Examinons les valeurs

$$\rho=0,13517\;0 \quad \text{et} \quad \rho=0,13516\;5,$$

pour lesquelles nous avons donné au n° 15 les valeurs correspondantes de λ, $\varkappa$, q et $\frac{\Delta}{\rho}R$.

La question revient à calculer, pour ces deux valeurs de ρ, la quantité J, et pour cela on doit d'abord calculer h.

Quant à h, on devra prendre la plus grande des deux racines de l'équation (15). On aura donc

$$5h = 1 + 2q + \sqrt{1 - q + 4q^2}.$$

Commençons par supposer

$$\rho = 0,13517.$$

Pour cette valeur de ρ on a

$$q = 0,07691\ 3090\left\{{}^{3}_{2}\right.,$$

de sorte que q est compris entre ces limites:

$$q_1 = 0,07691\ 30902 \quad \text{et} \quad q' = 0,07691\ 30903,$$

et, comme h est une fonction croissante de q, nous aurons

$$h_1 < h < h',$$

h_1 et h' étant les valeurs de h pour $q = q_1$ et pour $q = q'$.

En faisant les calculs, nous obtenons

$$h_1 = 0,42536\ 73330\ 44\left\{{}^{71}_{69}\right.,$$

$$h' = 0,42536\ 73330\ 80\left\{{}^{75}_{74}\right..$$

En passant ensuite au calcul de p, nous remarquons que l'expression

$$\frac{h}{(\rho + h)(\rho + 3h)},$$

tant que $\rho < \sqrt{3}\, h$, est une fonction décroissante de h. Donc, en la calculant pour $h = h_1$ et pour $h = h'$, nous aurons des limites entre lesquelles se trouve sa valeur exacte.

En tenant compte de cette remarque, nous avons trouvé

$$\frac{4h}{(\rho + h)(\rho + 3h)} = 2,15084\ 3730\left\{{}^{72}_{59}\right.,$$

et, pour avoir p, il ne reste plus qu'à multiplier ce nombre par ρ, ce qui donne

$$p = 0,29072\ 95470\left\{{}^{82}_{63}\right..$$

On a enfin, pour la valeur considérée de ρ,

$$\lambda = 0,36265\ 5458\left\{{}^{1}_{0}\right..$$

Cela posé, on fera les calculs suivants:

$$2-\lambda = 1,63734\ 454\left\{{}^{20}_{19}\right.$$

$$\frac{\rho}{\rho+1} = 0,11907\ 46760\left\{{}^{40}_{39}\right.$$

$$p = 0,29072\ 95470\left\{{}^{82}_{63}\right.$$

$$\frac{1}{J} = 2,04714\ 8765\left\{{}^{2}_{0}\right.,$$

et l'on aura en définitive

$$J = 0,48848\ 4284\left\{{}^{7}_{5}\right..$$

Or nous avons trouvé (nº 15) que, pour la valeur considérée de ρ,

$$\frac{\Delta}{\rho}R = 0,48848\ 4559\left\{{}^{2}_{1}\right..$$

On a donc

$$\frac{\Delta}{\rho}R - J = 0,00000\ 0274\left\{{}^{7}_{4}\right.,$$

et l'on en conclut (nº 23) que, pour l'ellipsoïde singulier qui correspond à $m = 3$,

$$\rho < 0,13517.$$

26. Supposons maintenant

$$\rho = 0,13516\ 5.$$

Pour cette valeur de ρ, on a

$$\lambda = 0,36264\ 8151\left\{{}^{2}_{1}\right.,$$

$$q = 0,07690\ 7813\left\{{}^{9}_{8}\right.,$$

$$\frac{\Delta}{\rho}R = 0,48848\ 4750\left\{{}^{2}_{1}\right..$$

et, comme précédemment, on trouve

$$h = 0,42536\ 54311 \left\{ \begin{smallmatrix} 4301 \\ 0695 \end{smallmatrix} \right.,$$

$$p = 0,29072\ 32780 \left\{ \begin{smallmatrix} 6 \\ 3 \end{smallmatrix} \right. .$$

Puis on trouve successivement:

$$2 - \lambda = 1,63735\ 1848 \left\{ \begin{smallmatrix} 9 \\ 8 \end{smallmatrix} \right.$$

$$\frac{\rho}{\rho + 1} = 0,11907\ 0795\ 8 \left\{ \begin{smallmatrix} 8 \\ 7 \end{smallmatrix} \right.$$

$$p = 0,29072\ 3278\ 0 \left\{ \begin{smallmatrix} 6 \\ 3 \end{smallmatrix} \right.$$

$$\frac{1}{J} = 2,04714\ 5922 \left\{ \begin{smallmatrix} 9 \\ 7 \end{smallmatrix} \right.,$$

$$J = 0,48848\ 4962 \left\{ \begin{smallmatrix} 9 \\ 8 \end{smallmatrix} \right.,$$

et enfin,

$$\frac{\Delta}{\rho} R - J = -0,00000\ 0212 \left\{ \begin{smallmatrix} 8 \\ 6 \end{smallmatrix} \right. .$$

On doit donc conclure que, pour l'ellipsoïde singulier en question, on a

$$\rho > 0,13516\ 5.$$

27. Nous avons ainsi pour la valeur de ρ qui nous intéresse ces deux limites:

$$0,13517\ 0 \quad \text{et} \quad 0,13516\ 5,$$

et nous avons trouvé que la différence

$$\frac{\Delta}{\rho} R - J$$

a, pour ces limites, respectivement les valeurs

$$+ 0,00000\ 0274 \left\{ \begin{smallmatrix} 7 \\ 4 \end{smallmatrix} \right. \quad \text{et} \quad - 0,00000\ 0212 \left\{ \begin{smallmatrix} 8 \\ 6 \end{smallmatrix} \right. .$$

De là, par l'interpolation, on peut déduire une valeur approchée de ρ, beaucoup plus précise que celle qui est définie par les limites précédentes. Voici cette valeur:

$$0,13516\ 718,$$

et l'on peut être presque sûr que la sixième et la septième décimales y sont exactes.

Toutefois, sans avoir vérifié cette valeur par des calculs plus sûrs, nous ne croyons pas possible de la prendre pour base des recherches ultérieures, et nous nous contenterons dans la suite de la valeur

$$\rho = 0,1351\left\{\begin{smallmatrix}70\\65\end{smallmatrix}\right.,$$

qui est moins précise, mais dans laquelle on peut répondre de chaque chiffre écrit.

En nous arrêtant à cette dernière valeur de ρ, nous pourrons prendre

$$\lambda = 0,3626\left\{\begin{smallmatrix}56\\48\end{smallmatrix}\right., \qquad q = 0,0769\left\{\begin{smallmatrix}131\\078\end{smallmatrix}\right.,$$

$$\varkappa = 0,56\left\{\begin{smallmatrix}9011\\8992\end{smallmatrix}\right., \qquad h = 0,42536\left\{\begin{smallmatrix}74\\54\end{smallmatrix}\right..$$

Nous aurons d'ailleurs

$$5h - 1 - 2q = \sqrt{1 - q + 4q^2} = 0,97301\left\{\begin{smallmatrix}2\\0\end{smallmatrix}\right.,$$

ce qu'on peut déduire des nombres précédents, en tenant compte de ce que, dans les limites de q, le radical

$$\sqrt{1 - q + 4q^2}$$

est une fonction décroissante de q, tandis que h croît avec q.

Cas de $m = 4$.

28. Arrêtons-nous maintenant au cas de $m = 4$.

Nous aurons alors

$$\mathsf{E} = (\rho + h_1)(\rho + h_2) = \rho^2 + s\rho + r,$$

en posant

$$h_1 + h_2 = s, \qquad h_1 h_2 = r,$$

et h_1, h_2, d'après le n° 41 de la première Partie, satisferont aux équations

$$(16) \qquad \left\{ \begin{aligned} \frac{1}{h_1} + \frac{1}{h_1 - 1} + \frac{1}{h_1 - q} &= \frac{4}{h_2 - h_1}, \\ \frac{1}{h_2} + \frac{1}{h_2 - 1} + \frac{1}{h_2 - q} &= \frac{4}{h_1 - h_2}. \end{aligned} \right.$$

Cherchons les équations que devront vérifier d'après cela r et s.

En multipliant la première équation par $(h_1 - 1)(h_1 - q)$, la seconde par $(h_2 - 1)(h_2 - q)$, ajoutons-les membre à membre. Il viendra

$$3s - 4(1+q) + \frac{qs}{r} = 4(1+q) - 4s,$$

et cela se réduit à

$$r = \frac{qs}{8(1+q) - 7s}. \tag{17}$$

Multiplions ensuite la première des équations (16) par $h_1(h_1 - 1)(h_1 - q)$, la seconde par $h_2(h_2 - 1)(h_2 - q)$ et ajoutons-les membre à membre. Nous aurons

$$3s^2 - 6r - 2(1+q)s + 2q = 4r - 4s^2 + 4(1+q)s - 4q,$$

ou bien,

$$10r = 6q - 6(1+q)s + 7s^2. \tag{18}$$

Maintenant, si nous éliminons entre les équations (17) et (18) r, nous arriverons à cette équation du troisième degré en s:

$$49s^3 - 98(1+q)s^2 + 4(12+37q+12q^2)s - 48q(1+q) = 0, \tag{19}$$

dont toutes les racines doivent être réelles.

Cherchons à les séparer.

En désignant le premier membre de l'équation (19) par $\varphi(s)$, on a

$$\begin{aligned} \varphi(0) &= -48q(1+q), \\ \varphi(q) &= q^2(2-q), \\ \varphi(1+q) &= -(1+q)(1-q)^2, \\ \varphi(2) &= 48(1-q)(2-q). \end{aligned}$$

On aura donc

$$\varphi(0) < 0, \qquad \varphi(q) > 0, \qquad \varphi(1+q) < 0, \qquad \varphi(2) > 0,$$

et, par suite, chacun des trois intervalles

$$(0, q), \qquad (q, 1+q), \qquad (1+q, 2)$$

contiendra une racine.

8

A chaque racine de l'équation (19) correspondra, d'après l'équation (17) ou (18), une valeur unique de r, et l'on aura ainsi trois fonctions de la forme

$$\rho^2 + s\rho + r.$$

Comme on sait, pour une de ces fonctions, h_1 et h_2 sont compris entre 0 et q, pour une autre, l'un des h_i est compris entre 0 et q, l'autre, entre q et 1, et pour une troisième, tous les deux h_i se trouvent entre q et 1.

C'est cette dernière fonction qu'il faudra prendre ici pour **E**.

Il est évident qu'elle correspondra à la plus grande des trois racines de l'équation (19), cette racine étant plus grande que $1+q$.

Voyons comment on pourra calculer cette racine.

29. Remarquons d'abord que, si l'on pose $q=0$, l'équation (19) deviendra

$$49s^3 - 98s^2 + 48s = 0$$

et ses racines seront, par suite,

$$0, \quad \frac{6}{7}, \quad \frac{8}{7}.$$

Donc la plus grande racine se réduit pour $q=0$ à $\frac{8}{7}$.

Cela étant, si l'on développe cette racine suivant les puissances croissantes de q, il viendra

$$7s = 8 + 3q + \frac{45}{8}q^2 + \frac{45}{16}q^3 + \dots.$$

Or il est facile d'établir que, si q est assez petit, par exemple plus petit que $\frac{1}{10}$, on aura ces inégalités:

$$(20) \qquad \begin{cases} 7s > 8 + 3q + \frac{45}{8}q^2, \\ 7s < 8 + 3q + \frac{45}{8}q^2 + \frac{45}{16}q^3. \end{cases}$$

Par suite, en s'arrêtant au troisième ou au quatrième terme du développement ci-dessus, on commettra, dans la valeur de s, une erreur, qui sera moindre que

$$\frac{45}{7.16}q^3.$$

Donc, si q est très petit, on pourra ainsi calculer s avec une grande précision.

Supposons par exemple que l'on ait

$$q < 0,024,$$

comme cela a lieu pour les valeurs de q qui se trouvent dans le Tableau du n° 17. On aura alors

$$\frac{45}{7.16} q^3 < 0,00000\,6,$$

et, par suite, en se servant des inégalités (20), on pourra obtenir pour s une valeur approchée à cinq décimales, qui représentera la valeur exacte à moins d'un cent-millième.

Si une pareille précision n'est pas censée être suffisante, on pourra recourir à la méthode d'approximation de Newton, ou bien, à la méthode des approximations successives, fondée sur les considérations suivantes.

Au lieu de l'équation (19), on prendra l'ensemble des équations (17) et (18), dont la première on résoudra par rapport à s. On aura donc ces deux équations:

$$10r = 6q - 6(1+q)s + 7s^2,$$

$$s = \frac{8(1+q)r}{7r+q}.$$

Cela posé, soit s_0 une valeur approchée de s, obtenue par un calcul préalable.

En partant de cette valeur, on calculera successivement, à l'aide des formules

$$10r_i = 6q - 6(1+q)s_i + 7s_i^2,$$

$$s_{i+1} = \frac{8(1+q)r_i}{7r_i+q},$$

r_0, s_1, r_1, s_2, r_2 et ainsi de suite; et cela donnera, pour s et r, des valeurs de plus en plus précises, pourvu que s_0 ait été choisi d'une manière convenable.

Quant à s_0, il est naturel de prendre cette valeur conformément aux inégalités (20). Mais, pour la convergence de la méthode, cela n'est pas nécessaire, et pour que, i croissant indéfiniment, on ait

$$\lim s_i = s, \qquad \lim r_i = r,$$

s étant la plus grande racine de l'équation (19), il suffit de prendre

$$s_0 > 1 + q.$$

Remarquons que l'on aura alors toujours: ou bien

$$s_0 < s_1 < s_2 < s_3 < \cdots,$$

$$r_0 < r_1 < r_2 < r_3 < \cdots,$$

ou bien

$$s_0 > s_1 > s_2 > s_3 > \cdots,$$

$$r_0 > r_1 > r_2 > r_3 > \cdots.$$

30. Venons maintenant aux formules du n° 23 et voyons à quoi elles se réduiront dans le cas de $m = 4$.

Pour K nous devrons prendre l'expression (11), et, comme, d'après une remarque que nous avons faite au n° 24, on aura

$$P = \mathbf{E}\left[g\left(\frac{q}{\rho+1} + \frac{1}{\rho+q}\right)\mathsf{E} - g\frac{\mathsf{E}}{\rho}\right],$$

cette expression se réduira à

$$K = \left[g\frac{r}{\rho} - g\left(q\frac{1-s+r}{\rho+1} + \frac{q^2-qs+r}{\rho+q}\right)\right]\mathsf{E}.$$

Reportons-nous ensuite aux formules (9).

Comme on aura dans le cas actuel

$$[\mathsf{E}'(-h_1)]^2 = [\mathsf{E}'(-h_2)]^2 = (h_2 - h_1)^2 = s^2 - 4r,$$

ces formules donneront

$$4q(s^2 - 4r)g = \frac{3}{h_1} + \frac{3}{h_2},$$

$$4q(s^2 - 4r)g = \frac{1}{(1-h_1)(h_1-q)} + \frac{1}{(1-h_2)(h_2-q)}.$$

On a donc

$$g = \frac{3s}{4qr(s^2 - 4r)}. \tag{21}$$

Quant à g, nous allons transformer l'expression précédente en faisant usage des équations (16).

Posons

$$\frac{1}{(1-h_1)(h_1-q)}+\frac{1}{(1-h_2)(h_2-q)}=S_0,$$

$$\frac{h_1}{(1-h_1)(h_1-q)}+\frac{h_2}{(1-h_2)(h_2-q)}=S_1,$$

en sorte qu'il viendra

$$g=\frac{S_0}{4q(s^2-4r)},$$

et remarquons que la première des équations (16) peut être écrite de ces deux manières:

$$\frac{1}{h_1}-\frac{2h_1-1-q}{(1-h_1)(h_1-q)}=\frac{4}{h_2-h_1},$$

$$3-\frac{(1+q)h_1-2q}{(1-h_1)(h_1-q)}=\frac{4h_1}{h_2-h_1}.$$

En présentant la seconde équation sous une forme analogue, et en ajoutant ensuite ces équations membre à membre, on aura

$$2S_1-(1+q)S_0=\frac{s}{r},$$

$$(1+q)S_1-2qS_0=10.$$

De là il vient, d'une part,

$$(1-q)^2S_0=20-(1+q)\frac{s}{r} \tag{22}$$

et, d'autre part,

$$(1-q)(S_0-S_1)=10-\frac{s}{r},$$

$$(1-q)(S_1-qS_0)=10-q\frac{s}{r}.$$

Or on a

$$S_0-S_1=\frac{1}{h_1-q}+\frac{1}{h_2-q}=\frac{s-2q}{q^2-qs+r},$$

$$S_1-qS_0=\frac{1}{1-h_1}+\frac{1}{1-h_2}=\frac{2-s}{1-s+r}.$$

On aura donc entre s et r ces deux relations

$$\frac{(1-q)(s-2q)}{q^2-sq+r}=10-\frac{s}{r},$$

$$\frac{(1-q)(2-s)}{1-s+r}=10-q\frac{s}{r};$$

en vertu desquelles la formule (22) peut se mettre sous ces deux formes:

$$(1-q)r(1-s+r)S_0=2r(2-s)-s(1-s+r),$$

$$(1-q)r(q^2-qs+r)S_0'=2r(s-2q)+s(q^2-qs+r).$$

De cette façon nous obtenons

(23) $$g=\frac{20r-(1+q)s}{4q(1-q)^2r(s^2-4r)}$$

et en même temps

$$q(1-s+r)g=\frac{2r(2-s)-s(1-s+r)}{4(1-q)r(s^2-4r)},$$

$$(q^2-qs+r)g=\frac{2r(s-2q)+s(q^2-qs+r)}{4q(1-q)r(s^2-4r)}.$$

D'après ces dernières formules, en revenant à l'expression de K, et tenant compte de la formule (21), nous pouvons écrire

$$\frac{4r(s^2-4r)}{\mathsf{E}}K=\frac{3sr}{q\rho}+\frac{s(1-s+r)+2r(s-2)}{(1-q)(\rho+1)}-\frac{s(q^2-qs+r)+2r(s-2q)}{q(1-q)(\rho+q)}.$$

Or, dans le second membre, les coefficients de

$$\frac{1}{\rho},\qquad\frac{1}{\rho+1},\qquad\frac{1}{\rho+q}$$

sont les valeurs, respectivement pour

$$\rho=0,\qquad\rho=-1,\qquad\rho=-q,$$

de cette fonction de ρ:

$$\frac{s(\rho^2+s\rho+r)+2r(2\rho+s)}{\frac{d}{d\rho}[\rho(\rho+1)(\rho+q)]}.$$

Il vient donc

$$\frac{4r(s^2-4r)}{\mathsf{E}}K = \frac{s\mathsf{E}+2r\mathsf{E}'}{\Delta^2}$$

et, par suite,

$$K\Delta^2 = \frac{(s\mathsf{E}+2r\mathsf{E}')\mathsf{E}}{4r(s^2-4r)}.$$

Maintenant il ne reste plus qu'à former une expression pour L, et nous y parviendrons tout de suite en substituant dans la formule (13) les expressions (21) et (23) de g et $\mathfrak{g}$.

De cette manière nous obtenons

$$4r(s^2-4r)L = 4r(s^2-4r)\rho + \left[3s + \frac{[20r-(1+q)s]\rho}{(\rho+1)(\rho+q)}\right]\mathsf{E}^2,$$

où l'expression par laquelle est multiplié E^2 peut encore s'écrire ainsi:

$$2s + \frac{20r\rho+(\rho^2+q)s}{(\rho+1)(\rho+q)} = 2s + \frac{20r+(\rho+\varkappa)s}{(\rho+1)(\varkappa+1)}.$$

Donc, en définitive, nous aurons

$$J = \frac{s+2r\frac{\mathsf{E}'}{\mathsf{E}}}{M},$$

en posant, pour abréger,

$$\frac{4r(s^2-4r)\rho}{\mathsf{E}^2} + 2s + \frac{20r+(\rho+\varkappa)s}{(\rho+1)(\varkappa+1)} = M.$$

Voyons maintenant ce qui aura lieu pour les valeurs de ρ considérées au n° 17.

31. Supposons d'abord

$$\rho = 0,071.$$

Nous aurons alors, d'après le n° 17,

$$\varkappa = 0,33257\ 271\{^{69}_{50},$$

$$q = 0,02361\ 2662\{^{9}_{7},$$

$$\frac{\Delta}{\rho}R = 0,49178\ 44\{^{2}_{1}$$

et, en calculant la plus grande racine s de l'équation (19) avec la valeur correspondante de r, nous obtenons

$$s = 1,15342\ 9548\left\{\begin{smallmatrix}40\\28\end{smallmatrix}\right.,$$

$$r = 0,23704\ 834\left\{\begin{smallmatrix}902\\892\end{smallmatrix}\right..$$

Nous devons toutefois remarquer que, pour arriver à ces nombres, il faut tenir compte de ce que s et r sont des fonctions croissantes de q, comme cela résulte de ce que h_1 et h_2 sont des fonctions croissantes de q (**1**, n° 41).

En partant de ces nombres, nous obtenons successivement

$$\mathsf{E} = (\rho + s)\rho + r = 0,32398\ 2846\left\{\begin{smallmatrix}96\\84\end{smallmatrix}\right.,$$

$$\mathsf{E}' = 2\rho + s = 1,29542\ 9548\left\{\begin{smallmatrix}40\\28\end{smallmatrix}\right.,$$

$$\frac{\mathsf{E}'}{\mathsf{E}} = 3,99845\ 103\left\{\begin{smallmatrix}24\\04\end{smallmatrix}\right.,$$

$$s + 2r\frac{\mathsf{E}'}{\mathsf{E}} = 3,04908\ 19\left\{\begin{smallmatrix}81\\78\end{smallmatrix}\right.,$$

et d'autre part,

$$\frac{4r(s^2-4r)\rho}{\mathsf{E}^2} = 0,24513\ 71\left\{\begin{smallmatrix}390\\881\end{smallmatrix}\right.$$

$$2s = 2,30685\ 90\left\{\begin{smallmatrix}968\\965\end{smallmatrix}\right.$$

$$\frac{20r + (\rho + \varkappa)s}{(\rho+1)(\varkappa+1)} = 3,64806\ 12\left\{\begin{smallmatrix}531\\445\end{smallmatrix}\right.$$

$$M = 6,20005\ 74\left\{\begin{smallmatrix}89\\79\end{smallmatrix}\right..$$

Donc

$$J = \frac{30490819\left\{\begin{smallmatrix}81\\78\end{smallmatrix}\right.}{62000574\left\{\begin{smallmatrix}79\\89\end{smallmatrix}\right.} = 0,49178\ 28\left\{\begin{smallmatrix}6\\5\end{smallmatrix}\right.$$

et enfin,

$$\frac{\Delta}{\rho}R - J = 0,00000\ 15\left\{\begin{smallmatrix}7\\5\end{smallmatrix}\right..$$

Nous devons donc conclure que la valeur de ρ annulant T_4 satisfait à l'inégalité

$$\rho < 0,071.$$

Supposons ensuite

$$\rho = 0,0709.$$

Alors, d'après le nº 17, nous aurons

$$\varkappa = 0,33219\ 00\left\{{}^{5}_{3}\right.,$$

$$q = 0,02355\ 227\left\{{}^{5}_{3}\right.,$$

$$\frac{\Delta}{\rho} R = 0,49179\ 1\left\{{}^{3}_{2}\right.,$$

et le calcul de s et r nous donnera

$$s = 1,15340\ 134\left\{{}^{52}_{42}\right.,$$

$$r = 0,23702\ 568\left\{{}^{67}_{58}\right..$$

D'après ces nombres il viendra

$$\mathsf{E} = 0,32382\ 865\left\{{}^{21}_{11}\right.,$$

$$\mathsf{E}' = 1,29520\ 134\left\{{}^{52}_{42}\right.,$$

$$\frac{\mathsf{E}'}{\mathsf{E}} = 3,99965\ 02\left\{{}^{5}_{3}\right.,$$

$$s + 2r\frac{\mathsf{E}'}{\mathsf{E}} = 3,04944\ 10\left\{{}^{4}_{2}\right.,$$

et d'autre part,

$$\frac{4r(s^2 - 4r)\rho}{\mathsf{E}^2} = 0,24501\left\{{}^{8034}_{8027}\right.$$

$$2s = 2,30680\left\{{}^{2691}_{2688}\right.$$

$$\frac{20r + (\rho + \varkappa)s}{(\rho + 1)(\varkappa + 1)} = 3,64873\left\{{}^{4045}_{3957}\right.$$

$$M = 6,20055\left\{{}^{477}_{467}\right..$$

Nous aurons donc

$$J = \frac{30494410\left\{{}^{4}_{2}\right.}{6200554\left\{{}^{77}_{67}\right.} = 0,49180\ 1\left\{{}^{4}_{3}\right.$$

et, par suite,

$$\frac{\Delta}{\rho} R - J = -\ 0,00001\ 0\begin{cases}2\\0\end{cases},$$

ce qui fait voir que la valeur de ρ annulant T'_4 satisfait à l'inégalité

$$\rho > 0,0709.$$

Nous avons ainsi pour cette valeur de ρ ces deux limites:

$$0,0709 \quad \text{et} \quad 0,0710,$$

et, d'après les valeurs que nous avons obtenues pour la différence

$$\frac{\Delta}{\rho} R - J,$$

nous pouvons conclure que ρ ne doit pas différer beaucoup du nombre

$$0,07099.$$

Mais, pour ce qui va suivre, les inégalités que nous avons établies suffiront complètement.

En nous en bornant, nous aurons, pour l'ellipsoïde singulier correspondant à $m = 4$,

$$\rho = 0,07\begin{cases}10\\09\end{cases}, \qquad q = 0,023\begin{cases}62\\55\end{cases},$$

$$\lambda = 0,249\begin{cases}58\\35\end{cases}, \qquad s = 1,1534\begin{cases}3\\0\end{cases},$$

$$\varkappa = 0,332\begin{cases}58\\19\end{cases}, \qquad r = 0,2370\begin{cases}5\\2\end{cases},$$

$$\frac{\mathsf{E}'}{\mathsf{E}} = 3,99\begin{cases}97\\84\end{cases}.$$

II. — Quelques propositions sur les fonctions de Lamé.

32. Nous allons maintenant établir quelques propositions qui nous seront nécessaires dans la suite, et qui se rapporteront à ces fonctions de Lamé que nous avons désignées par

$$\mathsf{E}_{m,2m}(\rho), \qquad E_{m,2m}(\mu), \qquad E_{m,2m}(\nu)$$

ou, plus simplement, par

$$\mathsf{E}_m(\rho), \qquad E_m(\mu), \qquad E_m(\nu).$$

Comme, dans l'étude actuelle, nous n'aurons pas à considérer simultanément les fonctions correspondant à plusieurs valeurs de l'indice m, nous ne l'écrirons pas pour plus de simplicité. D'ailleurs, comme nous l'avons fait précédemment, nous écrirons E au lieu de $\mathsf{E}(\rho)$.

Avec le choix du facteur constant auquel nous nous sommes arrêté (n° 21), nous aurons

$$\mathsf{E} = (\rho + h_1)(\rho + h_2)\ldots(\rho + h_n)$$

ou

$$\mathsf{E} = \sqrt{\rho + 1}\,(\rho + h_1)(\rho + h_2)\ldots(\rho + h_n),$$

selon que m est pair ou impair, en posant, dans le premier cas, $m = 2n$, dans le second, $m = 2n + 1$.

Alors, comme nous avons admis l'égalité

$$\mathsf{E} = E(\sqrt{-\rho}),$$

il viendra

$$E(\mu) = (h_1 - \mu^2)(h_2 - \mu^2)\ldots(h_n - \mu^2)$$

ou

$$E(\mu) = \sqrt{1 - \mu^2}\,(h_1 - \mu^2)(h_2 - \mu^2)\ldots(h_n - \mu^2),$$

et la fonction $E(\nu)$ s'en déduira en remplaçant μ par ν.

Nous supposerons que les variables ρ, μ, ν vérifient les inégalités

$$\rho > 0, \qquad \mu^2 < q, \qquad \sqrt{q} < \nu < 1,$$

et les radicaux

$$\sqrt{\rho+1} \quad \text{et} \quad \sqrt{1-\mu^2},$$

qui ne s'annulent pas, seront supposés être positifs.

Quant au radical

$$\sqrt{1-\nu^2},$$

il pourra changer de signe, et nous ne ferons à son sujet aucune hypothèse.

Les nombres

$$h_1, \quad h_2, \quad \ldots, \quad h_n,$$

représentant certaines fonctions algébriques de q, seront, comme on sait, tous différents, tant que q ne devient égal à aucune de ses limites, 0 et 1. D'ailleurs, pour les fonctions de Lamé que nous voulons considérer, ils seront compris entre q et 1 sans être égaux à ces limites.

Il en résulte que la fonction $E(\mu)$ ne s'annulera jamais et qu'elle sera positive. On aura d'ailleurs ces inégalités:

$$E(0) > E(\mu) > E(\sqrt{q}).$$

Quant à la fonction $E(\nu)$, elle peut changer de signe, mais on ne sait pas jusqu'à présent quelles sont les limites précises, entre lesquelles elle varie quand ν^2 varie entre q et 1.

Nous allons montrer qu'en valeur absolue cette fonction ne surpassera jamais la valeur qu'elle prend pour $\nu^2 = q$, en sorte que, m étant impair, les limites dont il s'agit seront

$$-E(\sqrt{q}) \quad \text{et} \quad +E(\sqrt{q}).$$

Quant au cas de m pair, nous ne connaîtrons par là que la limite supérieure, qui sera $E(\sqrt{q})$, et à l'égard de la limite inférieure nous pourrons seulement dire qu'elle sera en valeur absolue plus petite que $E(\sqrt{q})$; mais cela nous suffira.

Cette proposition étant établie, nous aurons

$$\mathsf{E} > E(\mu) > \pm E(\nu).$$

33. La variable ν étant comprise entre $\sqrt{q}$ et 1, nous pouvons poser

$$\sqrt{1-\nu^2} = \sqrt{1-q}\cos\varphi,$$

φ étant un angle arbitraire.

Alors nous aurons

$$\nu^2 = 1 - (1-q)\cos^2\varphi,$$

et la fonction $E(\nu)$ deviendra une fonction entière de $\cos\varphi$ de degré m, en sorte que nous pourrons la présenter sous la forme

$$E(\nu) = l_0 \cos m\varphi + l_1 \cos(m-2)\varphi + l_2 \cos(m-4)\varphi + \cdots,$$

les l_i étant des constantes.

Comme tous les multiples de φ seront dans cette expression pairs, si m est pair, et impairs, si m est impair, le dernier terme sera, dans le second cas, $l_n \cos\varphi$, dans le premier cas, une constante, et cette constante sera désignée non pas par l_n, mais par $\frac{1}{2} l_n$.

Pour avoir des expressions analogues pour les fonctions E et $E(\mu)$, introduisons une nouvelle variable u et remplaçons dans l'expression précédente les cosinus des multiples de φ par les cosinus hyperboliques des mêmes multiples de u.

Alors, le cosinus hyperbolique de u, c.-à-d. la fonction

$$\frac{e^u + e^{-u}}{2},$$

étant désigné par $\mathrm{ch}\, u$, nous aurons la fonction suivante:

$$f(u) = l_0 \mathrm{ch}\, mu + l_1 \mathrm{ch}(m-2)u + l_2 \mathrm{ch}(m-4)u + \cdots,$$

laquelle, u étant réel, pourra représenter chacune des deux fonctions E et $E(\mu)$: en effet, si l'on pose,

$$\text{dans le cas de } \mathrm{ch}\, u < \frac{1}{\sqrt{1-q}}, \qquad \mu^2 = 1 - (1-q)\mathrm{ch}^2 u,$$

$$\text{dans le cas de } \mathrm{ch}\, u > \frac{1}{\sqrt{1-q}}, \qquad \rho = (1-q)\mathrm{ch}^2 u - 1,$$

on aura évidemment: dans le premier cas,

$$E(\mu) = f(u),$$

dans le second cas,

$$\mathsf{E}(\rho) = f(u).$$

Heine a donné les équations qui servent à calculer les coefficients l_i.

Comme ces équations serviront de base pour ce qui va suivre, nous allons les former tout de suite.

Nous allons considérer pour cela la fonction $f(u)$, qui devra satisfaire à l'équation

$$4\Delta \frac{d}{d\rho}\left(\Delta \frac{d\mathsf{E}}{d\rho}\right) - [\beta + m(m+1)\rho]\mathsf{E} = 0,$$

lorsqu'on pose

$$\rho = (1-q)\operatorname{ch}^2 u - 1.$$

D'après cette relation entre ρ et u, on a

$$\frac{d\rho}{du} = 2\sqrt{(\rho+1)(\rho+q)} = 2\frac{\Delta}{\sqrt{\rho}}.$$

Par suite, l'équation transformée, en y remplaçant E par $f(u)$, sera

$$\rho f''(u) + \sqrt{(\rho+1)(\rho+q)}\, f'(u) - [\beta + m(m+1)\rho] f(u) = 0,$$

et cela, en posant

$$m(m+1)(1+q) - 2\beta = (1+q)\delta, \qquad \frac{1+q}{1-q} = p,$$

et en remplaçant ρ par son expression, peut se mettre sous la forme

$$2p[\delta f(u) - f''(u)] + [f''(u) + f'(u) - m(m+1)f(u)]e^{2u} + [f''(u) - f'(u) - m(m+1)f(u)]e^{-2u} = 0.$$

Substituons-y maintenant l'expression de $f(u)$, que nous pouvons écrire comme il suit:

$$f(u) = \frac{1}{2}\sum l_i e^{(m-2i)u},$$

en supposant, d'une manière générale,

$$l_{m-i} = l_i$$

et en étendant la somme aux valeurs de i

$$0,\ 1,\ 2,\ \ldots,\ m.$$

Du reste, en supposant que les l_i à indice négatif soient nuls, nous pouvons faire abstraction des limites de la somme.

Cela étant, nous arriverons à l'équation

$$(1)\quad (i+1)(2m-2i-1)l_{i+1}-p[\delta-(m-2i)^2]l_i+(m-i+1)(2i-1)l_{i-1}=0,$$

qui devra avoir lieu quel que soit i. Voyons donc comment on pourra y satisfaire.

Tout d'abord, on voit qu'il suffit de poser $l_{-1}=0$, pour que tous les autres l_i à indice négatif soient nuls.

Puis, en remarquant que, i étant remplacé par $m-i$, l'équation (1) devient

$$(i+1)(2m-2i-1)l_{m-i-1}-p[\delta-(m-2i)^2]l_{m-i}+(m-i+1)(2i-1)l_{m-i+1}=0,$$

on voit que l'égalité

$$l_{m-i}=l_i$$

aura lieu pour toutes les valeurs de i, si elle a lieu pour deux valeurs consécutives de i quelconques.

Or, dans le cas de m pair, cette égalité est remplie pour $i=n$. Il suffit donc qu'elle le soit aussi pour $i=n-1$, et que, par suite, on ait

$$l_{n+1}=l_{n-1}.$$

Quant au cas de m impair, il suffit que l'égalité en question soit remplie pour $i=n$, ce qui donne

$$l_{n+1}=l_n,$$

car, en faisant $i=n+1$, on sera alors amené au même résultat.

Cela posé, voici comment on procédera:

On posera

$$l_{-1}=0$$

et, en remarquant que l'on a

$$l_0=\frac{1}{2^{m-1}}(1-q)^{\frac{m}{2}},$$

on calculera successivement, d'après l'équation (1),

$$l_1,\quad l_2,\quad \ldots,\quad l_n,\quad l_{n+1}.$$

Puis on fera

$$l_{n+1} = l_{n-1} \quad \text{ou} \quad l_{n+1} = l_n,$$

selon que m est pair ou impair, et l'on aura ainsi une équation algébrique qui servira à déterminer δ.

On voit que cette équation sera de degré $n+1$, car l_i sera évidemment une fonction entière de δ de degré i.

34. Comme l'a remarqué Heine, la méthode de Sturm s'applique facilement à l'étude de l'équation qui vient d'être signalée.

En effet, posons:

$$\text{si } m \text{ est pair,} \quad l_{n+1} - l_{n-1} = l'_{n+1},$$

$$\text{si } m \text{ est impair,} \quad l_{n+1} - l_n \; = l'_{n+1},$$

et considérons la suite des $n+2$ fonctions suivantes:

$$(2) \qquad l'_{n+1}, \; l_n, \; l_{n-1}, \; \ldots, \; l_1, \; l_0.$$

Chaque terme de cette suite est une fonction entière de δ, dont le degré est égal à son indice, et où le coefficient de la plus haute puissance de δ est positif. En particulier, l_0 est une constante positive.

D'autre part, en vertu de l'équation (1), cette suite jouit des deux propriétés suivantes:

1° Deux termes consécutifs ne peuvent s'annuler pour une même valeur de δ;

2° Quand un terme autre que le premier s'annule, les deux termes qui le comprennent sont de signes contraires.

Cela posé, la méthode de Sturm est applicable à la suite (2) et, entre autres, conduit à la conclusion que toutes les racines de l'équation

$$(3) \qquad l'_{n+1} = 0$$

sont réelles et inégales. Mais nous allons en tirer une autre conclusion importante.

Les $n+1$ racines de l'équation (3) doivent correspondre à $n+1$ fonctions de Lamé, représentées, avec les notations que nous avons admises, par

$$E_{m,2m-4i},$$

i ayant une des valeurs 0, 1, 2, ..., n.

Or nous ne voulons considérer ici que les fonctions pour lesquelles $i=0$, et ces fonctions sont celles qui correspondent à la plus petite valeur que peut avoir β pour la valeur considérée de m (**I**, nos 11 et 38).

Donc, pour arriver aux fonctions qui nous intéressent, il faut prendre pour δ la plus grande racine de l'équation (3).

Soit δ' cette racine.

Comme, pour $\delta=+\infty$, la suite (2) n'offre que des permanences de signe, il en sera de même pour toute valeur de δ qui est plus grande que δ'.

Or cela ne peut évidemment avoir lieu que si, pour $\delta=\delta'$, les $n+1$ fonctions

$$l_n, \quad l_{n-1}, \quad \ldots, \quad l_1, \quad l_0$$

sont différentes de zéro et ont le même signe.

Donc, l_0 étant positif, les fonctions l_1, l_2, ..., l_n auront des valeurs positives pour $\delta=\delta'$.

De cette façon nous parvenons à la conclusion que, pour la fonction $E(\nu)$ que nous considérons, *les coefficients l_i dans l'expression*

$$E(\nu) = l_0 \cos m\varphi + l_1 \cos(m-2)\varphi + \cdots$$

seront tous différents de zéro et positifs.

De là il résulte immédiatement que la plus grande valeur absolue de la fonction $E(\nu)$ est égale à sa valeur pour $\varphi=0$ ou, ce qui revient au même, pour $\nu^2=q$.

Ainsi la proposition énoncée à la fin du no 32 est établie.

35. De ce que nous venons d'établir il résulte que toute puissance entière et positive de la fonction $E(\nu)$, si l'on développe cette puissance suivant les cosinus des multiples de φ, aura tous ses coefficients positifs.

En effet, on sait que le produit d'un nombre quelconque de cosinus, développé suivant les cosinus des multiples de l'argument, n'aura que des coefficients positifs.

La même chose aura, par suite, lieu pour une puissance entière et positive de le fonction **E**, si, en posant

$$\rho = (1-q)\operatorname{ch}^2 v - 1,$$

on développe cette puissance suivant les cosinus hyperboliques des multiples de v.

Cela posé, nous allons établir une proposition qui nous sera très utile dans ce qui suit.

Soit k un entier positif, qui, dans le cas de m pair, pourra être quelconque et, dans le cas de m impair, sera supposé être pair, en sorte que E^k sera toujours une fonction entière de ρ.

D'autre part, soit

$$J = \int \frac{\Phi\, d\sigma}{(\rho + \mu^2)(\rho + \nu^2)},$$

Φ étant une fonction de μ et ν qui ne devient jamais négative, μ et ν vérifiant les inégalités

$$-\sqrt{q} < \mu < +\sqrt{q}, \qquad \sqrt{q} < \nu < 1.$$

En supposant que la fonction Φ ne dépende pas de ρ, développons le produit

$$\mathsf{E}^k J$$

suivant les puissances décroissantes de ρ et considérons la partie entière du développement, laquelle se représentera par

$$\mathbf{E}\, \mathsf{E}^k J.$$

Nous allons montrer que, si l'on ordonne cette fonction entière, soit suivant les puissances de ρ, soit suivant celles de $\rho + q$, *tous les coefficients y seront positifs*.

De plus, nous allons montrer que la différence

$$\mathsf{E}^k J - \mathbf{E}\, \mathsf{E}^k J$$

sera toujours positive, et que d'ailleurs, si l'on développe cette différence suivant les puissances décroissantes de $\rho + 1$, tous les coefficients du développement seront positifs.

36. Considérons, d'une manière générale, une fonction entière P de ρ de degré n, telle que, si en posant

$$\rho = (1 - q)\operatorname{ch}^2 v - 1 \tag{4}$$

on la met sous la forme

$$P = p_0 \operatorname{ch} 2nv + p_1 \operatorname{ch} 2(n-1)v + \cdots + p_{n-1} \operatorname{ch} 2v + p_n,$$

tous les coefficients p_i soient positifs, et voyons quels seront les coefficients de la fonction entière

$$\Pi = \mathbf{E}\, PJ,$$

présentée sous la même forme.

Soient M et N ce que devient P, lorsqu'on y remplace ρ respectivement par $-\mu^2$ et par $-\nu^2$.

En remarquant qu'on peut écrire

$$J = \int \left(\frac{1}{\rho + \mu^2} - \frac{1}{\rho + \nu^2} \right) \frac{\Phi\, d\sigma}{\nu^2 - \mu^2},$$

nous aurons évidemment

$$\Pi = \int \left(\frac{P - M}{\rho + \mu^2} - \frac{P - N}{\rho + \nu^2} \right) \frac{\Phi\, d\sigma}{\nu^2 - \mu^2}.$$

Envisageons donc de plus près les rapports

$$\frac{P - M}{\rho + \mu^2} \quad \text{et} \quad \frac{P - N}{\rho + \nu^2}$$

qui sont des fonctions entières, le premier, de ρ, μ^2, le second, de ρ, ν^2.

Comme la seconde de ces fonctions se déduit de la première en remplaçant μ^2 par ν^2, il suffit d'examiner la première.

Considérons donc la fonction

$$\frac{P - M}{\rho + \mu^2}$$

et introduisons-y au lieu de μ une nouvelle variable u d'après l'équation

$$\mu^2 = 1 - (1 - q)\operatorname{ch}^2 u,$$

où l'on doit supposer

$$\operatorname{ch} u < \frac{1}{\sqrt{1 - q}}.$$

Nous aurons

$$M = p_0 \operatorname{ch} 2nu + p_1 \operatorname{ch} 2(n-1)u + \cdots + p_{n-1} \operatorname{ch} 2u + p_n$$

et, comme on a

$$\rho + \mu^2 = (1-q)(\operatorname{ch}^2 v - \operatorname{ch}^2 u) = \frac{1-q}{2}(\operatorname{ch} 2v - \operatorname{ch} 2u),$$

il viendra

$$\frac{P-M}{\rho+\mu^2} = \frac{2}{1-q}\sum_{i=1}^{i=n} p_{n-i}\frac{\operatorname{ch} 2iv - \operatorname{ch} 2iu}{\operatorname{ch} 2v - \operatorname{ch} 2u}.$$

Or, l étant un entier positif quelconque, on aura

$$\frac{\operatorname{ch}(l+1)x - \operatorname{ch}(l+1)y}{\operatorname{ch} x - \operatorname{ch} y} = \sum \alpha_{i,j} \operatorname{ch} ix \operatorname{ch} jy,$$

où la somme s'étend aux valeurs positives ou nulles de i et j, satisfaisant aux conditions

$$i+j \leq l, \qquad l-i-j = \text{nombre pair},$$

et où les coefficients ont les valeurs suivantes:

$$\alpha_{i,j} = \alpha_{j,i} = 4,$$

si i et j ne sont pas nuls,

$$\alpha_{i,0} = \alpha_{0,i} = 2,$$

si i n'est pas nul, et

$$\alpha_{0,0} = \frac{1}{2}\left[1+(-1)^l\right].$$

Pour s'en assurer, il suffit de remarquer que

$$\operatorname{ch} x - \operatorname{ch} y = \frac{1}{2}(e^x - e^y)(1 - e^{-x-y}).$$

De là on voit que la fonction considérée se présentera sous la forme

$$\frac{P-M}{\rho+\mu^2} = \sum_{i=0}^{n-1} M_i \operatorname{ch} 2iv,$$

où l'on aura

$$M_i = \sum_{j=0}^{n-i-1} c_{i,j} \operatorname{ch} 2ju,$$

les $c_{i,j}$ étant des constantes *positives*.

Cela étant, si nous posons

$$\nu^2 = 1 - (1-q)\cos^2\varphi,$$

nous aurons de même

$$\frac{P-N}{\rho+\nu^2} = \sum_{i=0}^{n-1} N_i \operatorname{ch} 2iv,$$

où

$$N_i = \sum_{j=0}^{n-i-1} c_{i,j} \cos 2j\varphi.$$

Par suite, il viendra

$$\Pi = \sum_{i=0}^{n-1} C_i \operatorname{ch} 2iv,$$

où

$$C_i = \int \frac{M_i - N_i}{\nu^2 - \mu^2} \Phi \, d\sigma.$$

Or la fonction

$$M_i - N_i = \sum_{j=0}^{n-i-1} c_{i,j} (\operatorname{ch} 2ju - \cos 2j\varphi)$$

ne devient jamais négative.

Donc ***tous les coefficients*** C_i ***seront positifs***.

37. Exprimons maintenant Π en fonction de ρ.

En nous reportant à l'équation (4) et en supposant, pour fixer les idées, $v > 0$, nous en déduisons

$$e^v = \sqrt{\frac{\rho+1}{1-q}} + \sqrt{\frac{\rho+q}{1-q}},$$

$$e^{-v} = \sqrt{\frac{\rho+1}{1-q}} - \sqrt{\frac{\rho+q}{1-q}}.$$

Nous aurons donc

$$2 \operatorname{ch} 2iv = \left(\sqrt{\frac{\rho+1}{1-q}} + \sqrt{\frac{\rho+q}{1-q}}\right)^{2i} + \left(\sqrt{\frac{\rho+1}{1-q}} - \sqrt{\frac{\rho+q}{1-q}}\right)^{2i},$$

et cette expression représente une fonction entière de ρ, dont tous les coefficients seront positifs, non seulement si l'on ordonne cette fonction suivant les puissances de ρ, mais encore si on l'ordonne suivant les puissances de $\rho+q$. Donc la même chose aura aussi lieu pour le polynôme Π.

De cette façon nous arrivons à la conclusion que *la partie entière du produit PJ, ordonnée suivant les puissances de $\rho+q$, aura tous ses coefficients positifs.*

Considérons maintenant la différence

$$PJ - \mathbf{E}\,PJ = \int\left(\frac{M}{\rho+\mu^2} - \frac{N}{\rho+\nu^2}\right)\frac{\Phi\,d\sigma}{\nu^2-\mu^2}.$$

En la développant suivant les puissances décroissantes de $\rho+1$, posons

$$PJ - \mathbf{E}\,PJ = \frac{c_1}{\rho+1} + \frac{c_2}{(\rho+1)^2} + \cdots.$$

Alors il viendra

$$c_{i+1} = \int \frac{(1-\mu^2)^i M - (1-\nu^2)^i N}{\nu^2-\mu^2}\,\Phi\,d\sigma.$$

Or, par les expressions de M en fonction de u et de N en fonction de φ, on voit que M est toujours positif et que $M-N$ ne devient jamais négatif.

Donc la fonction à intégrer ne deviendra jamais négative, et nous aurons, par suite,

$$c_{i+1} > 0,$$

quel que soit i.

De cette façon la proposition du n° 35 est établie.

Signalons un cas particulier important.

Supposons que l'on ait

$$\Phi = \frac{1}{\gamma_{l,s}}\left[E_{l,s}(\mu)\,E_{l,s}(\nu)\right]^2$$

où

$$\gamma_{l,s} = \int \left[E_{l,s}(\mu)\,E_{l,s}(\nu)\right]^2 d\sigma.$$

Alors nous aurons

$$J = \frac{\mathsf{E}_{l,s}\mathsf{F}_{l,s}}{\Delta},$$

et nous serons ainsi conduit à la proposition suivante:

Quel que soit l'entier positif k, pourvu que le produit km soit un nombre pair, la partie entière de la fonction

$$\mathbf{E}^k\,\frac{\mathsf{E}_{l,s}\mathsf{F}_{l,s}}{\Delta},$$

étant ordonnée suivant les puissances de $\rho + q$, *aura tous ses coefficients positifs. D'ailleurs, dans le développement de la différence*

$$\mathsf{E}^k \frac{\mathsf{E}_{l,s}\mathsf{F}_{l,s}}{\Delta} - \mathbf{E}\,\mathsf{E}^k \frac{\mathsf{E}_{l,s}\mathsf{F}_{l,s}}{\Delta}$$

suivant les puissances décroissantes de $\rho + 1$, *tous les coefficients seront positifs.*

38. En terminant ces considérations préliminaires, faisons quelques observations au sujet de certaines intégrales que nous rencontrerons très souvent dans ce qui suit.

Considérons l'intégrale

$$\int F(\mu^2, \nu^2)\, d\sigma,$$

où F est une fonction rationnelle entière et symétrique des deux arguments indiqués.

De pareilles intégrales peuvent être calculées aisément, et l'on peut se servir pour cela de deux méthodes différentes.

En premier lieu, on peut y introduire les variables θ et ψ à l'aide des formules signalées au n° 18. Comme la fonction entière $F(\mu^2, \nu^2)$ est symétrique par rapport à μ^2 et ν^2, elle pourra être transformée en une fonction entière des arguments

$$x = \mu^2 \nu^2, \qquad y = (1 - \mu^2)(1 - \nu^2),$$

et si on la désigne alors par $F[x, y]$, on aura d'après lesdites formules

$$\int F(\mu^2, \nu^2)\, d\sigma = \int_0^{2\pi} d\psi \int_0^{\pi} F[q\cos^2\theta, (1-q)\sin^2\theta\cos^2\psi] \sin\theta\, d\theta.$$

Une autre méthode consiste en ce qui suit.

En remarquant que notre intégrale est égale à

$$8\int_0^{\sqrt{q}} \frac{d\mu}{\mathsf{M}} \int_{\sqrt{q}}^{1} F(\mu^2, \nu^2)(\nu^2 - \mu^2) \frac{d\nu}{\mathsf{N}},$$

et que le produit $F(\mu^2, \nu^2)(\nu^2 - \mu^2)$ sera de la forme

$$\sum c_{i,j}(\mu^{2i}\nu^{2j} - \mu^{2j}\nu^{2i}),$$

les $c_{i,j}$ étant des constantes, nous aurons, avec les notations du nº 19,

$$\int F(\mu^2, \nu^2)\, d\sigma = 8 \sum c_{i,j}(a_i b_j - a_j b_i).$$

Or, si l'on pose

$$a_i b_j - a_j b_i = \omega_{i,j},$$

les formules de récurrence signalées dans le numéro cité donneront

$$(2i-1)\,\omega_{i,j} - (2i-2)(1+q)\,\omega_{i-1,j} + (2i-3)\,q\omega_{i-2,j} = 0,$$

et cela permet de calculer tous les $\omega_{i,j}$, puisqu'on a

$$\omega_{j,i} = -\,\omega_{i,j}, \qquad \omega_{0,1} = \frac{\pi}{2}.$$

Cela posé, chacune des deux méthodes fait voir que notre intégrale aura pour valeur une expression de la forme

$$\pi \sum c_i\, f_i(q),$$

où les c_i sont les coefficients de la fonction F et les $f_i(q)$ représentent certaines fonctions rationnelles entières de q à coefficients numériques rationnels.

Dans les cas que nous rencontrerons dans la suite, les c_i ne dépendront que des coefficients des fonctions de Lamé, dont ils seront des fonctions rationnelles à coefficients numériques rationnels. Par suite, l'expression

$$\frac{1}{\pi} \int F(\mu^2, \nu^2)\, d\sigma$$

sera une fonction algébrique de q, laquelle, à part q, ne pourra renfermer aucun nombre transcendant.

III. — Recherche de A_2 dans le cas de m pair.

Étude de l'expression générale de A_2.

39. Venons à l'objet principal de ce Mémoire.

Considérons un ellipsoïde singulier, défini par l'équation

$$T_m = 0,$$

et la série qui en dérive des figures d'équilibre non ellipsoïdales.

Nous avons vu que ces figures peuvent être définies par les valeurs d'un certain paramètre α; mais nous ne savons pas encore comment varient avec ce paramètre la vitesse angulaire et le moment des quantités de mouvement qui correspondent à une figure d'équilibre de la série.

Les questions qui se posent à ce sujet dépendent des recherches analogues à celles que nous avons accomplies dans la deuxième Partie pour les figures d'équilibre dérivées des ellipsoïdes de révolution, et c'est des recherches de ce genre que nous allons nous occuper à présent. Remarquons toutefois que dans le cas actuel la chose devient beaucoup plus compliquée, et que les résultats auxquels nous parviendrons seront loin d'être aussi complets que ceux que nous avons obtenus dans la deuxième Partie.

D'après le n° 79 de la première Partie, tout revient à la recherche du premier terme non nul de la série

$$A_2, \quad A_3, \quad A_4, \quad \ldots.$$

Dans le cas des figures d'équilibre dérivées des ellipsoïdes de révolution, ce terme était toujours A_2 ou A_3, et il est permis de présumer qu'il en sera aussi de même dans le cas actuel. Toutefois nous n'avons pas réussi à le démontrer d'une manière générale.

Quoi qu'il en soit, nous nous bornerons ici à examiner A_2 et A_3.

Nous commencerons par la recherche de A_2 et, comme dans le cas de m impair A_2 serait identiquement nul, nous supposerons dans cette recherche que m soit un nombre pair.

Nous commencerons donc par le cas des figures d'équilibre ayant trois plans de symétrie (**1**, n° 50). Sous plusieurs rapports, ce cas présentera beaucoup d'analogies avec le cas étudié dans la deuxième Partie des figures d'équilibre de révolution.

40. Pour A_2 nous avons obtenu dans la première Partie (n° 73) cette expression:

$$A_2 = \frac{1}{\gamma} \int (\tau, \tau) E(\mu) E(\nu) d\sigma,$$

où l'on a

$$\gamma = \int [E(\mu) E(\nu)]^2 d\sigma,$$

$$\tau = \frac{E(\mu) E(\nu)}{(\rho + \mu^2)(\rho + \nu^2)},$$

et où, dans la notation des fonctions de Lamé, nous avons omis l'indice m, comme nous l'avons fait dans ce qui précède.

Quant à (τ, τ), on aura, en se reportant à l'expression désignée dans le numéro cité par (ζ, ξ),

$$(\tau, \tau) = \frac{1}{4\pi} \lim \left\{ \frac{\partial}{\partial v} \int \frac{G(v) \tau'^2}{D(u, v)} d\sigma' + 2\tau \frac{\partial}{\partial u} \int \frac{G(v) \tau'}{D(u, v)} d\sigma' \right\},$$

$G(v)$ étant donné par la formule

$$G(v) = \frac{(v + \mu'^2)(v + \nu'^2)}{\sqrt{v(v+1)(v+q)}}.$$

Rappelons que les intégrales doivent être calculées ici en supposant $u < v$, et que, après avoir effectué les différentiations, on doit remplacer v par ρ et faire tendre u vers ρ par une suite de valeurs inférieures à ρ.

Or, si la différentiation ne se rapporte qu'à u, on peut remplacer v par ρ avant la différentiation. On a donc

$$\left\{ \frac{\partial}{\partial u} \int \frac{G(v) \tau'}{D(u, v)} d\sigma' \right\}_{v=\rho} = \frac{1}{\Delta} \frac{d}{du} \int \frac{E(\mu') E(\nu')}{D(u, \rho)} d\sigma'.$$

D'autre part, u étant inférieur à ρ, les formules de Liouville (**1**, n° 13) donnent

$$\int \frac{E(\mu') E(\nu')}{D(u, \rho)} d\sigma' = \frac{4\pi}{2m+1} \mathsf{E}(u) \mathsf{F}(\rho) E(\mu) E(\nu).$$

Par suite, en posant pour abréger

$$E(\mu)E(\nu) = Y$$

et en passant à la limite, on trouve

$$\lim \frac{\partial}{\partial u} \int \frac{G(v)\tau'}{D(u,v)} d\sigma' = \frac{4\pi}{2m+1} \frac{d\mathsf{E}}{d\rho} \frac{\mathsf{F}}{\Delta} Y,$$

où E et F sont écrits au lieu de $\mathsf{E}(\rho)$ et $\mathsf{F}(\rho)$, et où la dérivée prise par rapport à ρ doit être formée comme si q était un paramètre indépendant de ρ. C'est en ce sens que nous emploierons dans la suite le symbole $\frac{d}{d\rho}$, à moins que nous ne disions le contraire.

Maintenant posons, pour abréger,

$$\frac{1}{4\pi} \left\{ \frac{\partial}{\partial v} \int \frac{G(v)\tau'^2}{D(u,v)} d\sigma' \right\}_{v=\rho} = V.$$

Alors, d'après ce que nous venons d'obtenir, nous aurons

$$(\tau, \tau) = \lim V + \frac{2}{2m+1} \frac{d\mathsf{E}}{d\rho} \frac{\mathsf{F}}{\Delta} \frac{Y^2}{H},$$

où

$$H = (\rho + \mu^2)(\rho + \nu^2),$$

et de là il viendra

$$A_2 = \frac{1}{\gamma} \lim \int VY d\sigma + \frac{2}{(2m+1)\gamma} \frac{d\mathsf{E}}{d\rho} \frac{\mathsf{F}}{\Delta} \int \frac{Y^3}{H} d\sigma,$$

puisqu'il est permis d'effectuer l'intégration avant le passage à la limite (**1**, nº 63).

Cela posé, nous remarquons que, d'après les formules de Liouville, on a

$$\int VY d\sigma = \frac{\mathsf{E}(u)}{2m+1} \left\{ \frac{d}{dv} \int \mathsf{F}(v) G(v) \tau'^2 Y' d\sigma' \right\}_{v=\rho},$$

Y' étant ce que devient Y en y remplaçant μ et ν par μ' et ν'.

Or l'expression

$$\frac{d}{dv} \int \mathsf{F}(v) G(v) \tau'^2 Y' d\sigma',$$

lorsqu'on y pose $v=\rho$, devient évidemment égale à

$$\frac{d}{d\rho}\left(\frac{\mathbf{F}}{\Delta}\right)\int\frac{Y^3}{H}d\sigma-\frac{\mathbf{F}}{\Delta}\frac{d}{d\rho}\int\frac{Y^3}{H}d\sigma.$$

Par suite, en faisant pour abréger

$$\frac{1}{(2m+1)\gamma}\int\frac{[E(\mu)E(\nu)]^3}{(\rho+\mu^2)(\rho+\nu^2)}d\sigma=\mathbf{J}, \tag{1}$$

nous aurons

$$A_2=\left(\mathbf{J}\frac{d}{d\rho}\frac{\mathbf{F}}{\Delta}-\frac{\mathbf{F}}{\Delta}\frac{d\mathbf{J}}{d\rho}\right)\mathbf{E}+2\mathbf{J}\frac{d\mathbf{E}}{d\rho}\frac{\mathbf{F}}{\Delta},$$

et cela se réduit à

$$A_2=\frac{1}{\mathbf{E}}\left(\mathbf{J}\frac{d}{d\rho}\frac{\mathbf{E}^2\mathbf{F}}{\Delta}-\frac{\mathbf{E}^2\mathbf{F}}{\Delta}\frac{d\mathbf{J}}{d\rho}\right). \tag{2}$$

41. Quelque simple que soit l'expression que nous venons d'obtenir pour A_2, on ne peut en tirer aucune conclusion sur la valeur de cette quantité, puisque la formule (1), où la fonction à intégrer change de signe dans le champ d'intégration, n'apprend rien sur les signes des fonctions

$$\mathbf{J} \quad \text{et} \quad \frac{d\mathbf{J}}{d\rho}.$$

Donc de nouvelles réductions sont nécessaires, et nous allons montrer que, si l'on tient compte de l'équation $T_m=0$, on pourra remplacer $\mathbf{J}$ dans la formule (2) par une certaine fonction algébrique de ρ et q.

Tout d'abord, quels que soient ρ et q, on peut obtenir pour $\mathbf{J}$ une expression linéaire par rapport à deux des trois fonctions

$$\mathbf{EF}, \qquad R, \qquad Q,$$

expression où les coefficients seront algébriques par rapport à ρ et q.

Nous chercherons à exprimer $\mathbf{J}$ au moyen des deux premières de ces fonctions.

Plaçons-nous au point de vue des nos 18—22 et, outre les notations que nous y avons admises, introduisons encore les suivantes:

$$\int_0^{\sqrt{q}}\frac{[E(\mu)]^3d\mu}{(\rho+\mu^2)\mathbf{M}}=\xi_1, \qquad \int_{\sqrt{q}}^1\frac{[E(\nu)]^3d\nu}{(\rho+\nu^2)\mathbf{N}}=\eta_1,$$

$$\int_0^{\sqrt{q}}\frac{[E(\mu)]^3d\mu}{\mathbf{M}}=\alpha_1, \qquad \int_{\sqrt{q}}^1\frac{[E(\nu)]^3d\nu}{\mathbf{N}}=\beta_1.$$

Alors il viendra

$$(2m+1)\mathbf{J} = \frac{8}{\gamma}(\beta_1\xi_1 - \alpha_1\eta_1).$$

Or, m étant pair, $\mathbf{E}$ sera une fonction entière de ρ, et il en sera aussi de même des rapports

$$\frac{E(\mu)-\mathbf{E}}{\rho+\mu^2} \quad \text{et} \quad \frac{E(\nu)-\mathbf{E}}{\rho+\nu^2}.$$

Par suite, les différences

$$\xi_1 - \xi\mathbf{E} \quad \text{et} \quad \eta_1 - \eta\mathbf{E}$$

représenteront des fonctions entières de ρ, et nous pourrons écrire

$$(2m+1)\mathbf{J} = \frac{8}{\gamma}(\beta_1\xi - \alpha_1\eta)\mathbf{E} + \text{fonction entière de } \rho.$$

Il ne reste donc qu'à exprimer ξ et η au moyen de $\mathbf{EF}$ et R, et on le fera à l'aide des formules des n°s 19 et 20.

On prendra pour cela, d'une part, l'égalité

$$\frac{8}{\gamma}(\beta\xi - \alpha\eta) = \frac{\mathbf{EF}}{\Delta}$$

et, d'autre part, la première des formules (2) du n° 19, que l'on pourra écrire comme il suit:

$$a_1\eta - b_1\xi = \frac{\pi}{2}R_1\mathbf{E}^2 + \text{fonction entière de } \rho,$$

puisque les différences

$$\mathbf{E}^2x - \xi \quad \text{et} \quad \mathbf{E}^2y - \eta$$

sont des fonctions entières de ρ.

De cette façon on aura deux équations, d'où l'on pourra tirer ξ et η, puisque le déterminant

$$\alpha b_1 - \beta a_1$$

ne sera jamais nul.

En effet, d'après les expressions de α, β, a_1, b_1, on a

$$\alpha b_1 - \beta a_1 = \frac{1}{8}\int \frac{\nu^2 [E(\mu)]^2 - \mu^2 [E(\nu)]^2}{\nu^2 - \mu^2} d\sigma.$$

On aura donc

$$\alpha b_1 - \beta a_1 > \frac{1}{8}\int [E(\nu)]^2 d\sigma,$$

car, d'après ce que nous avons vu dans la Section précédente (n° 32),

$$[E(\mu)]^2 > [E(\nu)]^2.$$

En portant les expressions ainsi obtenues pour ξ et η dans l'expression de $\mathbf{J}$, nous aurons

$$(2m+1)\mathbf{J} = k\mathbf{E}^3 R_1 + l\frac{\mathbf{E}^2\mathbf{F}}{\Delta} + \text{fonction entière de } \rho,$$

où

$$(3) \qquad k = \frac{4\pi}{\gamma}\frac{\beta\alpha_1 - \alpha\beta_1}{\alpha b_1 - \beta a_1}, \qquad l = \frac{\alpha_1 b_1 - \beta_1 a_1}{\alpha b_1 - \beta a_1}.$$

Enfin, en remplaçant R_1 par son expression, nous arriverons à cette formule:

$$(4) \qquad (2m+1)\mathbf{J} = qk\frac{R\mathbf{E}^3}{\rho\Delta} + l\frac{\mathbf{E}^2\mathbf{F}}{\Delta} - \Psi,$$

où Ψ est une expression rationnelle par rapport à ρ de la forme

$$\Psi = k\frac{\mathbf{E}^3}{\rho} + \text{fonction entière de } \rho.$$

En posant

$$\mathbf{E}(0) = r$$

et en entendant par Π une fonction entière de ρ, nous pouvons d'ailleurs écrire

$$(5) \qquad \Psi = \frac{kr^3}{\rho} + \Pi;$$

et l'égalité (4), où le premier membre, développé suivant les puissances décroissantes de ρ, ne contient que des puissances négatives, fait voir que l'on aura

$$\Pi = qk \mathbf{E} \frac{R\mathsf{E}^3}{\rho\Delta} + l \mathbf{E} \frac{\mathsf{E}^2\mathsf{F}}{\Delta}. \tag{6}$$

Nous avons ainsi obtenu pour J une expression linéaire par rapport à

$$\frac{\mathsf{EF}}{\Delta} \quad \text{et} \quad \frac{R}{\Delta},$$

où les coefficients sont des fonctions rationnelles de ρ, et l'on voit que par rapport à q ces coefficients seront algébriques, car k et l seront des fonctions algébriques de q, comme cela résulte des formules (3) en vertu de ce qui a été dit au n° 38. On voit d'ailleurs que ces coefficients ne dépendront d'aucun nombre transcendant, à part ρ et q.

42. Substituons maintenant notre expression de J dans la formule (2). Le terme en l disparaissant, nous aurons

$$(2m+1)\mathsf{E}A_2 = qk\left(\frac{R\mathsf{E}^3}{\rho\Delta}\frac{d}{d\rho}\frac{\mathsf{E}^2\mathsf{F}}{\Delta} - \frac{\mathsf{E}^2\mathsf{F}}{\Delta}\frac{d}{d\rho}\frac{R\mathsf{E}^3}{\rho\Delta}\right) + \frac{\mathsf{E}^2\mathsf{F}}{\Delta}\frac{d\Psi}{d\rho} - \Psi\frac{d}{d\rho}\frac{\mathsf{E}^2\mathsf{F}}{\Delta}.$$

Or l'expression qui est multipliée par qk est évidemment égale à

$$\frac{\mathsf{E}^6}{\Delta^2}\left(\frac{R}{\rho}\frac{d}{d\rho}\frac{\mathsf{F}}{\mathsf{E}} - \frac{\mathsf{F}}{\mathsf{E}}\frac{d}{d\rho}\frac{R}{\rho}\right),$$

et cela, d'après la définition même des fonctions F et R, se réduit à

$$\frac{\mathsf{E}^6}{\Delta^2}\left(\frac{1}{2\rho\Delta}\frac{\mathsf{F}}{\mathsf{E}} - \frac{2m+1}{2\mathsf{E}^2\Delta}\frac{R}{\rho}\right) = \frac{(2m+1)\mathsf{E}^4}{2\rho\Delta^3}\left(\frac{\mathsf{EF}}{2m+1} - R\right).$$

Cette expression est donc égale à zéro en vertu de l'équation $T_m = 0$. Par suite, en tenant compte de l'équation $T_m = 0$, on aura

$$(2m+1)\mathsf{E}A_2 = \frac{\mathsf{E}^2\mathsf{F}}{\Delta}\frac{d\Psi}{d\rho} - \Psi\frac{d}{d\rho}\frac{\mathsf{E}^2\mathsf{F}}{\Delta}, \tag{7}$$

où Ψ est une expression algébrique par rapport à ρ et q.

Or on peut aller plus loin et, en se servant des deux équations

$$T_{2,3} = 0, \qquad T_m = 0,$$

tout exprimer algébriquement en ρ et q.

A cet effet on fera usage des relations

$$\frac{\mathsf{EF}}{2m+1} = R = \frac{\rho}{\Delta} J = \frac{\Delta K \rho}{L}, \tag{8}$$

qui, d'après le n° 23, sont équivalentes à ces équations-là.

Comme on a

$$\frac{d}{d\rho}\frac{\mathsf{E}^2\mathsf{F}}{\Delta} = \frac{\mathsf{F}}{\mathsf{E}}\frac{d}{d\rho}\frac{\mathsf{E}^3}{\Delta} + \frac{\mathsf{E}^3}{\Delta}\frac{d}{d\rho}\frac{\mathsf{F}}{\mathsf{E}} = \frac{\mathsf{F}}{\mathsf{E}}\frac{d}{d\rho}\frac{\mathsf{E}^3}{\Delta} - \frac{(2m+1)\mathsf{E}}{2\Delta^2},$$

on aura alors

$$\frac{1}{2m+1}\frac{d}{d\rho}\frac{\mathsf{E}^2\mathsf{F}}{\Delta} = \frac{\Delta K\rho}{L\mathsf{E}^2}\frac{d}{d\rho}\frac{\mathsf{E}^3}{\Delta} - \frac{1}{2}\frac{\mathsf{E}}{\Delta^2},$$

et la formule (7) deviendra

$$A_2 = \frac{K\rho}{L}\frac{d\Psi}{d\rho} + \left[\frac{1}{2\Delta^2} - \frac{K\rho}{L}\frac{d\log\frac{\mathsf{E}^3}{\Delta}}{d\rho}\right]\Psi.$$

De cette manière on aura pour A_2 une expression rationnelle par rapport à ρ et algébrique par rapport à q, où, à part ρ et q, il ne figurera aucun nombre transcendant.

Montrons que cette expression ne sera pas identiquement nulle, c. à d., qu'elle ne s'annulera pas quels que soient ρ et q.

43. Nous allons suivre, pour cela, une méthode toute semblable à celle que nous avons employée dans la deuxième Partie pour établir des propositions analogues: à savoir, nous allons montrer que, si l'on développe notre expression algébrique de A_2 suivant les puissances décroissantes de ρ, on arrivera toujours à un terme qui sera différent de zéro.

Toutefois la forme sous laquelle nous avons obtenu cette expression ne se prête pas facilement aux opérations qu'il faudra effectuer pour atteindre le but. En effet, d'une part, l'expression donnée au n° 23 pour K ne fait pas voir quel sera le premier terme du développement de cette fonction suivant les puissances décroissantes de ρ et, d'autre part, le remplacement de J par Ψ a introduit dans l'expression de A_2 certains termes qui se détruisent mutuellement.

Nous commencerons donc, pareillement à ce que nous avons fait dans la deuxième Partie, par présenter notre expression algébrique sous une autre forme, qui sera *en apparence transcendante.*

D'une manière générale, soit X une fonction algébrique des quatre arguments

$$\mathsf{EF}, \quad R, \quad \rho, \quad q.$$

En se servant des équations (8), on pourra la présenter sous la forme d'une fonction algébrique de deux arguments ρ et q, et cette fonction algébrique sera désignée par $\{X\}$.

Cela posé, nous aurons d'après la formule (2)

$$\{A_2\} = \left\{\frac{\mathsf{J}}{\mathsf{E}}\right\}\left\{\frac{d}{d\rho}\frac{\mathsf{E}^2\mathsf{F}}{\Delta}\right\} - \left\{\frac{\mathsf{EF}}{\Delta}\right\}\left\{\frac{d\mathsf{J}}{d\rho}\right\}. \tag{9}$$

Voyons donc comment on pourra exprimer les quatre fonctions algébriques qui figurent ici.

Posons pour abréger

$$\frac{\Delta K\rho}{L} = Z$$

et présentons d'abord Z sous une autre forme.

En nous reportant au nº 23, nous pouvons tirer de l'expression générale que nous y avons donnée pour T_m l'identité *) suivante:

$$K\Delta = \frac{\mathsf{EF}}{2m+1} + gq\frac{\mathsf{E}^2}{\rho}R + gq(1-q)^2\frac{\mathsf{E}^2}{(\rho+1)(\rho+q)}Q.$$

Remplaçons donc $K\Delta$ par cette expression. Alors, en tenant compte de l'expression de L, donnée dans le même numéro, nous aurons

$$Z = \frac{\frac{\mathsf{EF}}{2m+1} + gq\frac{\mathsf{E}^2}{\rho}R + gq(1-q)^2\frac{\mathsf{E}^2}{(\rho+1)(\rho+q)}Q}{1 + gq\frac{\mathsf{E}^2}{\rho} + gq(1-q)^2\frac{\mathsf{E}^2}{(\rho+1)(\rho+q)}}. \tag{10}$$

En nous arrêtant à cette expression de Z, nous aurons ensuite

$$\left\{\frac{\mathsf{EF}}{2m+1}\right\} = \{R\} = Z,$$

*) Nous appelons *identité* toute égalité qui a lieu quels que soient ρ et q.

et la formule (4) donnera

$$\left\{\frac{\mathsf{J}}{\mathsf{E}}\right\} = \frac{\mathsf{J}}{\mathsf{E}} + \frac{qk}{2m+1}\frac{\mathsf{E}^2}{\rho}\left(\frac{Z}{\Delta} - \frac{R}{\Delta}\right) + l\left(\frac{Z}{\Delta} - \frac{\mathsf{EF}}{(2m+1)\Delta}\right).$$

Puis, en remarquant que les dérivées

$$\frac{d}{d\rho}\frac{\mathsf{F}}{\mathsf{E}} \quad \text{et} \quad \frac{d}{d\rho}\frac{R}{\rho}$$

ont des expressions algébriques, nous obtiendrons

$$\left\{\frac{d}{d\rho}\frac{\mathsf{E}^2\mathsf{F}}{\Delta}\right\} = \frac{d}{d\rho}\frac{\mathsf{E}^2\mathsf{F}}{\Delta} + \frac{2m+1}{\mathsf{E}^2}\left(Z - \frac{\mathsf{EF}}{2m+1}\right)\frac{d}{d\rho}\frac{\mathsf{E}^3}{\Delta},$$

$$\left\{\frac{d\mathsf{J}}{d\rho}\right\} = \frac{d\mathsf{J}}{d\rho} + \frac{qk}{2m+1}\frac{Z-R}{\rho}\frac{d}{d\rho}\frac{\mathsf{E}^3}{\Delta} + \frac{l}{\mathsf{E}^2}\left(Z - \frac{\mathsf{EF}}{2m+1}\right)\frac{d}{d\rho}\frac{\mathsf{E}^3}{\Delta}.$$

Comme toutes ces égalités sont des identités, nous pouvons nous en servir pour développer les fonctions algébriques

$$\left\{\frac{\mathsf{J}}{\mathsf{E}}\right\}, \qquad \frac{1}{\mathsf{E}}\left\{\frac{d}{d\rho}\frac{\mathsf{E}^2\mathsf{F}}{\Delta}\right\}, \qquad \left\{\frac{\mathsf{EF}}{\Delta}\right\}, \qquad \frac{1}{\mathsf{E}}\left\{\frac{d\mathsf{J}}{d\rho}\right\}$$

suivant les puissances décroissantes de ρ.

Cherchons donc les premiers termes des développements qui en résultent.

En nous bornant toujours au premier terme seul, nous aurons ces développements:

$$\frac{R}{\Delta} = \frac{1}{3}\frac{1}{\rho^2} + \cdots,$$

$$\frac{Q}{\Delta} = \frac{1}{5}\frac{1}{\rho^2} + \cdots,$$

$$\frac{\mathsf{EF}}{\Delta} = \frac{1}{\rho^2} + \cdots.$$

Par suite, E^2 étant une fonction entière de ρ de degré m, la formule (10), où g et $\mathfrak{g}$ ne sont jamais nuls (n° 22), donnera

$$\frac{Z}{\Delta} = \frac{1}{3}\frac{1}{\rho^2} + \cdots, \qquad \frac{Z-R}{\Delta} = -\frac{2g(1-q)^2}{15\mathfrak{g}}\frac{1}{\rho^3} + \cdots.$$

Cela posé, reportons-nous à l'expression de la fonction $\left\{\frac{\mathbf{J}}{\mathbf{E}}\right\}$.

Comme le développement de $\mathbf{J}$ ne contient que des puissances négatives, on voit que le premier terme du développement de cette fonction coïncidera avec le premier terme du développement de l'expression

$$\frac{qk}{2m+1}\,\frac{\mathbf{E}^2}{\rho}\,\frac{Z-R}{\Delta},$$

si toutefois k n'est pas nul.

Or on s'assure aisément que k ne sera jamais nul, et nous le montrerons du reste au numéro suivant.

On aura donc

$$\left\{\frac{\mathbf{J}}{\mathbf{E}}\right\} = -\frac{2}{15}\,\frac{kq(1-q)^2}{2m+1}\,\frac{g}{g}\,\rho^{m-4}+\ldots.$$

De même, en considérant l'expression de $\left\{\frac{d\mathbf{J}}{d\rho}\right\}$, on obtient

$$\frac{1}{\mathbf{E}}\left\{\frac{d\mathbf{J}}{d\rho}\right\} = -\frac{m-1}{5}\,\frac{kq(1-q)^2}{2m+1}\,\frac{g}{g}\,\rho^{m-5}+\ldots;$$

et l'on a enfin

$$\left\{\frac{\mathbf{EF}}{\Delta}\right\} = \frac{2m+1}{3\rho^2}+\ldots,\qquad \frac{1}{\mathbf{E}}\left\{\frac{d}{d\rho}\,\frac{\mathbf{E}^2\mathbf{F}}{\Delta}\right\} = \frac{(2m+1)(m-2)}{2\rho^3}+\ldots.$$

D'après cela, en se reportant à la formule (9), on trouve

$$\frac{1}{\mathbf{E}}\{A_2\} = \frac{kq(1-q)^2 g}{15 g}\,\rho^{m-7}+\ldots.$$

Donc notre expression algébrique de A_2 ne sera jamais identiquement nulle.

Par suite, si l'on avait $A_2=0$ pour l'ellipsoïde singulier qu'on considère, les valeurs correspondantes de ρ et q, qui sont sans doute des nombres transcendants, devraient être liées par une relation algébrique, ne renfermant aucun autre nombre transcendant.

Il est très peu probable qu'une pareille relation puisse avoir lieu; mais, comme il n'est pas permis d'affirmer que cela soit impossible, l'analyse précédente ne conduit pas à une conclusion décisive, semblable à celle que nous avons pu faire dans la deuxième Partie, en considérant le cas des ellipsoïdes de révolution.

44. Considérons de plus près la formule (7).

En y portant la valeur de Ψ donnée par la formule (5), nous aurons

$$(2m+1)\mathsf{E}A_2 = -kr^3\left(\frac{\mathsf{E}^2\mathsf{F}}{\rho^2\Delta} + \frac{1}{\rho}\frac{d}{d\rho}\frac{\mathsf{E}^2\mathsf{F}}{\Delta}\right) + \frac{\mathsf{E}^2\mathsf{F}}{\Delta}\frac{d\Pi}{d\rho} - \Pi\frac{d}{d\rho}\frac{\mathsf{E}^2\mathsf{F}}{\Delta},$$

ce qui, en posant

$$\frac{\mathsf{E}^2\mathsf{F}}{\Delta}\frac{d\Pi}{d\rho} - \Pi\frac{d}{d\rho}\frac{\mathsf{E}^2\mathsf{F}}{\Delta} = \Omega,$$

pourra être présenté sous la forme

$$(2m+1)\mathsf{E}A_2 = -\frac{kr^3}{\rho^2}\frac{d}{d\rho}\frac{\rho\mathsf{E}^2\mathsf{F}}{\Delta} + \Omega. \tag{11}$$

Nous allons montrer que, pour les valeurs de ρ et q satisfaisant aux équations

$$T_{2,3} = 0, \qquad T_m = 0,$$

on aura toujours

$$\Omega > 0.$$

Remarquons d'abord que, pour ces valeurs de ρ et q, la dérivée

$$\frac{d}{d\rho}\frac{\mathsf{E}^2\mathsf{F}}{\Delta}$$

aura une valeur négative.

En effet, dans la première Partie (n° 43), nous avons montré que, si ρ et q sont liés par l'équation $T_m = T_{2,3}$, on aura nécessairement

$$\frac{d}{d\rho}\left[\frac{(\rho+1)(\rho+q)}{\mathsf{E}^2}\right] > 0,$$

ce qui est équivalent à

$$\frac{d}{d\rho}\left[\frac{\mathsf{E}^2}{(\rho+1)(\rho+q)}\right] < 0.$$

Or l'égalité

$$(\rho+1)(\rho+q)\frac{\mathsf{EF}}{\Delta} = \frac{1}{\gamma}\int\frac{(\rho+q)(\rho+1)}{(\rho+\mu^2)(\rho+\nu^2)}Y^2\,d\sigma,$$

où l'on suppose

$$\mu^2 < q, \qquad \nu^2 < 1,$$

fait voir que

$$(\rho + 1)(\rho + q)\frac{\mathsf{EF}}{\Delta}$$

est une fonction décroissante de ρ.

On aura donc à plus forte raison

$$\frac{d}{d\rho}\frac{\mathsf{E}^3\mathsf{F}}{\Delta} < 0,$$

toutes les fois que ρ et q satisfont à l'équation $T_m = T_{2,3}$; et, comme E est une fonction positive et croissante de ρ tant que $\rho > 0$, il en résulte

$$\frac{d}{d\rho}\frac{\mathsf{E}^2\mathsf{F}}{\Delta} < 0.$$

Cela posé, reportons-nous à la formule (6) qui définit le polynôme Π.

Il est facile de s'assurer que les constantes k et l qui y figurent représentent des nombres positifs.

En effet, on a d'après (3)

$$k = \frac{4\pi}{\gamma}\frac{\beta\alpha_1 - \alpha\beta_1}{\alpha b_1 - \beta a_1}, \qquad l = \frac{\alpha_1 b_1 - \beta_1 a_1}{\alpha b_1 - \beta a_1},$$

et nous avons vu au n° 41 que l'expression

$$\alpha b_1 - \beta a_1,$$

qui figure aux dénominateurs, a toujours une valeur positive. Or les numérateurs se présentent sous la forme

$$\beta\alpha_1 - \alpha\beta_1 = \frac{1}{8}\int \frac{E(\mu) - E(\nu)}{\nu^2 - \mu^2} Y^2 d\sigma,$$

$$\alpha_1 b_1 - \beta_1 a_1 = \frac{1}{8}\int \frac{\nu^2 [E(\mu)]^3 - \mu^2 [E(\nu)]^3}{\nu^2 - \mu^2} d\sigma$$

et, par suite, d'après une remarque que nous avons faite à la fin du n° 32, ont encore des valeurs positives.

On a donc bien.

$$k > 0 \quad \text{et} \quad l > 0.$$

Nous remarquons ensuite que, d'après la proposition établie au n° 37, la fonction entière de ρ, représentée par

$$\mathbf{E}\frac{\mathsf{E}^2\mathsf{F}}{\Delta},$$

aura tous ses coefficients positifs, et qu'il en sera aussi de même de la fonction entière représentée par

$$\mathbf{E}\frac{R\mathsf{E}^3}{\Delta},$$

puisque

$$R = \frac{1}{3}\mathsf{E}_{1,0}\mathsf{F}_{1,0}.$$

Or on a évidemment

$$\mathbf{E}\frac{R\mathsf{E}^3}{\Delta} = \rho\mathbf{E}\frac{R\mathsf{E}^3}{\rho\Delta} + \text{const.}$$

Par suite, la fonction entière de ρ, représentée par

$$\mathbf{E}\frac{R\mathsf{E}^3}{\rho\Delta},$$

aura encore tous ses coefficients positifs.

D'après tout cela, on arrive à la conclusion que *le polynôme* Π, ordonné suivant les puissances de ρ, *aura tous ses coefficients positifs.*

Or, s'il en est ainsi, on aura

$$\Pi > 0, \qquad \frac{d\Pi}{d\rho} > 0,$$

et, par suite, en vertu de ce que nous avons établi plus haut, il viendra $\Omega > 0$.

Ainsi, des deux termes de la formule (11), le second sera toujours positif. Quant au premier, on voit qu'il est de signe contraire avec la dérivée

$$\frac{d}{d\rho}\frac{\rho\mathsf{E}^2\mathsf{F}}{\Delta}.$$

Par suite, dans tous les cas où cette dérivée sera négative, on aura $A_2 > 0$.

Cas de $m = 4$.

45. Voyons quel sera le signe de la dérivée

$$\frac{d}{d\rho}\frac{\rho \mathsf{E}^2 \mathsf{F}}{\Delta}$$

dans le cas de $m = 4$.

Comme, d'une manière générale, on a

$$\frac{d}{d\rho}\frac{\mathsf{F}}{\mathsf{E}} = -\frac{2m+1}{2\mathsf{E}^2\Delta},$$

on aura dans ce cas

$$\frac{d}{d\rho}\frac{\rho \mathsf{E}^2 \mathsf{F}}{\Delta} = \frac{\mathsf{F}}{\mathsf{E}}\frac{d}{d\rho}\frac{\rho \mathsf{E}^3}{\Delta} - \frac{9}{2}\frac{\rho \mathsf{E}}{\Delta^2} = \frac{\rho \mathsf{E}^2 \mathsf{F}}{\Delta}\left(3\frac{\mathsf{E}'}{\mathsf{E}} + \frac{q-\rho^2}{2\Delta^2}\right) - \frac{9}{2}\frac{\rho \mathsf{E}}{\Delta^2},$$

ou bien, en tenant compte de l'équation $T_4 = 0$,

$$\frac{2}{9\mathsf{E}}\frac{d}{d\rho}\frac{\rho \mathsf{E}^2 \mathsf{F}}{\Delta} = \frac{R\rho}{\Delta}\left(6\frac{\mathsf{E}'}{\mathsf{E}} + \frac{q-\rho^2}{\Delta^2}\right) - \frac{1}{(\rho+1)(\rho+q)},$$

et cela, en multipliant par $(\rho+1)(\rho+q)$, peut être présenté sous la forme

$$\frac{2}{9}\frac{(\rho+1)(\rho+q)}{\mathsf{E}}\frac{d}{d\rho}\frac{\rho \mathsf{E}^2 \mathsf{F}}{\Delta} = \frac{\Delta}{\rho} R\left[6\rho\frac{\mathsf{E}'}{\mathsf{E}} + \frac{\varkappa-\rho}{(\rho+1)(\varkappa+1)}\right] - 1.$$

Cela posé, voyons ce que donneront les nombres du n° 31.

Nous avons vu que, dans le cas considéré,

$$\rho = 0,07\left\{^{10}_{09}\right.,$$

$$\varkappa = 0,332\left\{^{58}_{19}\right.,$$

$$q = 0,023\left\{^{62}_{55}\right.,$$

$$\frac{\mathsf{E}'}{\mathsf{E}} = 3,99\left\{^{97}_{84}\right..$$

De là il vient

$$\varkappa - \rho = 0,261\left\{^{68}_{19}\right.,$$

$$(\rho+1)(\varkappa+1) = 1 + \rho + \varkappa + q = 1,42\left\{^{72}_{66}\right.,$$

et l'on trouve ensuite

$$\frac{\varkappa-\rho}{(\rho+1)(\varkappa+1)} < 0,1835$$

$$6\rho\frac{E'}{E} < 1,7039$$

$$6\rho\frac{E'}{E} + \frac{\varkappa-\rho}{(\rho+1)(\varkappa+1)} < 1,8874.$$

Quant à la quantité

$$\frac{\Delta}{\rho} R,$$

nous avons vu que, q étant considéré comme une fonction de ρ définie par l'équation $T_{2,3}=0$, on a:

$$\text{pour}\quad \rho = 0,0710, \qquad \frac{\Delta}{\rho} R = 0,49178\ 4\left\{{5 \atop 4}\right.,$$

$$\text{pour}\quad \rho = 0,0709, \qquad \frac{\Delta}{\rho} R = 0,49179\ 1\left\{{3 \atop 2}\right..$$

Si donc on pouvait être certain que $\frac{\Delta}{\rho} R$ devient, en vertu de l'équation $T_{2,3}=0$, une fonction décroissante de ρ, on pourrait conclure que, dans le cas considéré,

$$\frac{\Delta}{\rho} R < 0,49179\ 13.$$

Mais cela n'est pas établi, et nous pouvons seulement affirmer que R est une fonction décroissante de ρ (nº 3). Par suite, nous ne sommes en droit d'écrire que l'inégalité suivante:

$$\frac{\Delta}{\rho} R < p.0,49179\ 13,$$

où p est le rapport de la valeur de

$$\frac{\Delta}{\rho} = \sqrt{(\rho+1)(\varkappa+1)}$$

pour $\rho = 0,071$ à la valeur de la même fonction pour $\rho = 0,0709$.

Or, d'après ce que nous avons trouvé plus haut, on a

$$p < \sqrt{\frac{14272}{14266}} < 1,0003.$$

Nous aurons donc certainement

$$\frac{\Delta}{\rho} R < 1,0003 . 0,4918 < 0,492.$$

Cela étant, nous obtenons

$$\frac{\Delta}{\rho} R \left[6\rho \frac{\mathsf{E}'}{\mathsf{E}} + \frac{\varkappa - \rho}{(\rho+1)(\varkappa+1)} \right] < 0,492 . 1,8874,$$

et le second membre est évidemment plus petit que 1.

De cette façon nous arrivons à la conclusion que, dans le cas de $m = 4$, on a

$$\frac{d}{d\rho} \frac{\rho \mathsf{E}^2 \mathsf{F}}{\Delta} < 0.$$

Par suite, dans ce cas, A_2 sera un nombre positif.

Cas de m très grand.

46. Considérons encore le cas de m très grand.

Quel que soit le nombre m, nous aurons, comme au numéro précédent,

$$\frac{2(\rho+1)(\rho+q)}{(2m+1)\mathsf{E}} \frac{d}{d\rho} \frac{\rho \mathsf{E}^2 \mathsf{F}}{\Delta} = \frac{\Delta}{\rho} R \left[6\rho \frac{\mathsf{E}'}{\mathsf{E}} + \frac{\varkappa - \rho}{(\rho+1)(\varkappa+1)} \right] - 1.$$

Supposons maintenant que m croisse indéfiniment, ρ et q satisfaisant aux équations

$$T_{2,3} = 0, \qquad T_m = 0,$$

et cherchons la limite vers laquelle tend l'expression

$$\frac{2(\rho+1)(\rho+q)}{(2m+1)\mathsf{E}} \frac{d}{d\rho} \frac{\rho \mathsf{E}^2 \mathsf{F}}{\Delta} = S.$$

BIBLIOTHÈQUE NATIONALE RF IMPRIMÉS

Si cette limite n'est pas nulle, son signe sera le même que le signe de la dérivée

$$\frac{d}{d\rho}\frac{\rho \mathsf{E}^2\mathsf{F}}{\Delta}$$

pour des valeurs assez grandes de m.

Nous avons

$$\lim S = \lim \frac{\Delta}{\rho} R \left[6\rho \frac{\mathsf{E}'}{\mathsf{E}} + \frac{\varkappa - \rho}{(\rho+1)(\varkappa+1)} \right] - 1.$$

Or, m croissant indéfiniment, ρ et $\varkappa$ tendent vers zéro.

On a donc

$$\lim \frac{\Delta}{\rho} = 1$$

et, d'après l'expression de R qu'on trouve au n° 3;

$$\lim R = \frac{1}{2}.$$

Par suite, il vient

$$\lim S = 3 \lim \rho \frac{\mathsf{E}'}{\mathsf{E}} - 1. \tag{1}$$

Mais, pour évaluer cette limite, il faut savoir comment ρ tend vers zéro quand m croît indéfiniment.

47. Nous avons vu dans la première Partie (n° 44) que l'on aura toujours

$$2(m-1)\rho < 3.$$

Mais cette inégalité ne nous suffit pas encore.

Pour obtenir une inégalité plus précise, partons de l'inégalité

$$\frac{d}{d\rho}\frac{\mathsf{E}^2}{(\rho+1)(\rho+q)} < 0, \tag{2}$$

signalée au n° 44, et remarquons que, pour les valeurs de ρ et q satisfaisant à l'équation $T_{2,3} = 0$, on aura

$$\frac{d}{d\rho}\frac{\rho}{(\rho+1)(\rho+q)} > 0. \tag{3}$$

En effet, le premier membre est égal à

$$\frac{q-\rho^2}{(\rho+1)^2(\rho+q)^2},$$

et les valeurs de ρ et q dont il s'agit satisfont à l'inégalité

$$q > \rho^2,$$

car l'équation $T_{2,3}=0$, d'après les formules du n° 3, se réduit à

$$\int_0^1 \frac{z^2(1-z^2)(\rho-\varkappa z^2)}{(\rho+z^2)^{\frac{3}{2}}(1+\varkappa z^2)^{\frac{3}{2}}}\,dz = 0$$

et fait ainsi voir que ρ doit être plus petit que $\varkappa = \frac{q}{\rho}$.

Or les inégalités (2) et (3) conduisent à celle-ci:

$$\frac{d}{d\rho}\frac{\mathsf{E}^2}{\rho} < 0,$$

laquelle est équivalente à

(4) $$2\rho\frac{\mathsf{E}'}{\mathsf{E}} < 1.$$

Cela posé, reportons-nous à l'équation différentielle que vérifie la fonction E, et que l'on peut mettre sous la forme

$$m(m+1)\rho+\beta_m = 2[3\rho^2+2(1+q)\rho+q]\frac{\mathsf{E}'}{\mathsf{E}}+4\Delta^2\frac{\mathsf{E}''}{\mathsf{E}}.$$

Comme on a évidemment

$$\frac{\mathsf{E}''}{\mathsf{E}} < \left(\frac{\mathsf{E}'}{\mathsf{E}}\right)^2,$$

on en déduit d'après (4)

$$m(m+1)\rho+\beta_m < 3\rho+2(1+q)+\varkappa+(\rho+1)(\varkappa+1).$$

Or nous avons vu au n° 2 que

$$\beta_m > \beta_{m-1} > \cdots > \beta_1,$$

et il est facile de s'assurer que $\beta_1 = q$.

On aura donc $\beta_m > q$.

Par suite, l'inégalité ci-dessus donne

$$m(m+1)\rho < 3 + 2(\rho+1)\varkappa + 4\rho,$$

ce qui fait voir que $m^2\rho$ ne dépassera jamais une certaine limite.

Ainsi l'on voit que, m croissant indéfiniment, ρ sera une infiniment petite au moins de l'ordre de $\frac{1}{m^2}$.

D'après cela, en tenant compte de ce qui a été montré au n° 7, on peut conclure que q sera au moins de l'ordre de

$$\frac{\log m}{m^4},$$

en sorte que le produit $m^3 q$ tendra vers zéro.

Enfin il est facile de s'assurer que β_m tendra vers zéro et sera au moins de l'ordre de

$$\frac{\log m}{m^2}.$$

En effet, l'égalité du n° 2, d'où nous avons conclu l'inégalité $\beta_{m+1} > \beta_m$, permet aussi de conclure la suivante:

$$\beta_{m+1} - \beta_m < 2(m+1)q.$$

Donc, β_1 étant égal à q, on aura

$$\beta_m < (m^2 + m - 1)q,$$

ce qui prouve notre assertion.

48. Considérons maintenant l'équation différentielle à laquelle satisfait la fonction $\mathbf{E}(t)$, savoir

$$4\Delta(t)\frac{d}{dt}\left[\Delta(t)\frac{dy}{dt}\right] - [\beta_m + m(m+1)t]y = 0,$$

et voyons à quoi elle se réduira quand, en posant

$$t = \frac{x^2}{m^2},$$

et en prenant x pour variable indépendante, on fera m croître indéfiniment.

Comme $m^2 q$ tendra vers zéro, nous aurons alors

$$\lim m^2 \Delta\left(\frac{x^2}{m^2}\right) = x^2.$$

Par suite, β_m tendant encore vers zéro, notre équation deviendra

$$x \frac{d}{dx}\left(x \frac{dy}{dx}\right) - x^2 y = 0,$$

ou bien,

$$\frac{d^2y}{dx^2} + \frac{1}{x}\frac{dy}{dx} - y = 0. \tag{5}$$

Or c'est l'équation différentielle à laquelle satisfait la fonction de Bessel d'ordre zéro à l'argument $x\sqrt{-1}$.

On peut donc présumer que la fonction $\mathsf{E}\left(\frac{x^2}{m^2}\right)$, étant multipliée par une certaine constante, tendra vers cette fonction de Bessel, et l'on voit que pour le facteur constant il faudra prendre $\frac{1}{\mathsf{E}(0)}$.

Toutefois la démonstration rigoureuse exige d'assez longs développements, et nous ne nous y arrêterons pas.

Nous désignerons la fonction de Bessel d'ordre zéro à l'argument x par $\mathrm{J}(x)$ et celle à l'argument $x\sqrt{-1}$, par $\mathrm{I}(x)$, de sorte que nous aurons

$$\mathrm{J}(x) = 1 - \frac{x^2}{2^2} + \frac{x^4}{2^2.4^2} - \frac{x^6}{2^2.4^2.6^2} + \cdots,$$

$$\mathrm{I}(x) = 1 + \frac{x^2}{2^2} + \frac{x^4}{2^2.4^2} + \frac{x^6}{2^2.4^2.6^2} + \cdots.$$

La fonction $\mathrm{I}(x)$ est une solution de l'équation (5), dont nous allons aussi considérer une autre solution indépendante, que nous définirons, en nous bornant au cas de $x > 0$, par la formule

$$\mathrm{K}(x) = \mathrm{I}(x) \int_x^\infty \frac{dx}{[\mathrm{I}(x)]^2 x}.$$

Ce sera alors une fonction bien connue, pour laquelle on a plusieurs expressions différentes.

Par exemple, on a cette expression sous la forme de série:

$$\mathrm{K}(x) = (g - \log x)\,\mathrm{I}(x) + \sum_{i=1}^{\infty} \frac{s_i x^{2i}}{2^2.4^2\ldots(2i)^2},$$

où

$$s_i = 1 + \frac{1}{2} + \frac{1}{3} + \cdots + \frac{1}{i}$$

et

$$g = \log 2 - C,$$

C étant la constante d'Euler. Voici d'ailleurs la valeur numérique de g:

$$g = 0,11593\ 15156\ldots.$$

Signalons enfin la formule

$$\text{(6)} \qquad \mathrm{I}(x)\,\mathrm{K}(x) = \int_0^\infty \frac{z\,[\mathrm{J}(z)]^2}{x^2+z^2}\,dz,$$

que l'on obtient facilement en considérant la fonction $\mathrm{J}(z)$ comme un cas limite des polynômes de Legendre *).

49. Cela posé, l'évaluation de la limite qui nous intéresse sera fondée sur les propositions suivantes, que nous nous bornons à énoncer sans démonstration:

I. — *Pour toute valeur réelle donnée de* x, *les expressions*

$$\frac{\mathsf{E}\left(\frac{x^2}{m^2}\right)}{\mathsf{E}(0)\,\mathrm{I}(x)} \quad \text{et} \quad \frac{2x\,\mathsf{E}'\left(\frac{x^2}{m^2}\right)}{m^2\,\mathsf{E}(0)\,\mathrm{I}'(x)},$$

où $\mathrm{I}'(x)$ *est la dérivée de la fonction* $\mathrm{I}(x)$, *tendent vers* 1 *quand* m *croît indéfiniment. D'ailleurs,* X *étant un nombre positif donné, aussi grand qu'on veut, ces expressions tendent vers leur limite* 1 *uniformément pour toutes les valeurs de* x *dans l'intervalle* $(-X, +X)$.

II. — *Pour toute valeur positive donnée de* x, *le rapport*

$$\frac{\mathsf{E}\left(\frac{x^2}{m^2}\right)\mathsf{F}\left(\frac{x^2}{m^2}\right)}{(2m+1)\,\mathrm{I}(x)\,\mathrm{K}(x)},$$

*) Il est intéressant de rapprocher cette formule de la formule de Mehler

$$\mathrm{K}(x) = \int_0^\infty \frac{z\,\mathrm{J}(z)}{x^2+z^2}\,dz.$$

m croissant indéfiniment, tend vers 1. *D'ailleurs, x_0 et X étant deux nombres positifs quelconques, ce rapport tend vers sa limite* 1 *uniformément pour toutes les valeurs de x dans l'intervalle* (x_0, X).

Par cette dernière proposition, en tenant compte de l'équation

$$\frac{\mathsf{EF}}{2m+1} = R,$$

on arrive tout de suite à la conclusion que, *m croissant indéfiniment, $m^2\rho$ doit tendre vers une racine de l'équation*

$$\mathrm{I}(\sqrt{\xi})\, K(\sqrt{\xi}) = \frac{1}{2}.$$

Or cette équation n'a qu'une seule racine positive, car, d'après (6), elle se met sous la forme

$$\int_0^{\infty} \frac{z\,[\mathrm{J}(z)]^2}{\xi + z^2}\, dz = \frac{1}{2}.$$

Donc, en entendant par ξ cette racine, nous aurons

$$\lim m^2\rho = \xi.$$

De cette façon on voit que ρ et q seront précisément des ordres indiqués au n° 47. On pourra d'ailleurs écrire

$$\rho = \frac{\xi}{m^2}(1+\delta), \qquad q = \frac{4\xi^2 \log m}{m^4}(1+\varepsilon),$$

δ et ε étant des quantités tendant vers zéro pour $m = \infty$.

Quant à la valeur numérique de la racine ξ, nous avons trouvé

$$\xi = 1,1378\left\{\begin{smallmatrix}9\\8\end{smallmatrix}\right..$$

Mais il nous suffira de savoir que $\xi < 1,2$.

50. D'après les propositions que nous venons de signaler, on trouve

$$\lim \rho \frac{\mathsf{E}'}{\mathsf{E}} = \frac{1}{2}\sqrt{\xi}\,\frac{\mathrm{I}'(\sqrt{\xi})}{\mathrm{I}(\sqrt{\xi})}.$$

Par suite, l'égalité (1) devient

$$\lim S = \frac{3}{2}\sqrt{\xi}\,\frac{I'(\sqrt{\xi})}{I(\sqrt{\xi})} - 1,$$

et la question se ramène à la recherche du signe de l'expression

$$\Phi = \frac{3}{2}\sqrt{\xi}\, I'(\sqrt{\xi}) - I(\sqrt{\xi}).$$

Cela posé, nous remarquons que

$$I(\sqrt{\xi}) = 1 + \frac{\xi}{2^2} + \frac{\xi^2}{2^2.4^2} + \frac{\xi^3}{2^2.4^2.6^2} + \dots,$$

$$\frac{1}{2}\sqrt{\xi}\, I'(\sqrt{\xi}) = \quad \frac{\xi}{2^2} + \frac{2\xi^2}{2^2.4^2} + \frac{3\xi^3}{2^2.4^2.6^2} + \dots.$$

Par suite, en faisant pour abréger

$$\frac{3i-1}{2^2.4^2\dots(2i)^2} = c_i,$$

nous obtenons

$$\Phi = -1 + c_1\xi + c_2\xi^2 + c_3\xi^3 + \dots.$$

Or

$$\frac{c_{i+1}}{c_i} = \frac{3i+2}{3i-1}\,\frac{1}{(2i+2)^2} < \frac{1}{6}$$

et, d'autre part,

$$\xi < 1,2.$$

On aura donc

$$c_1\xi + c_2\xi^2 + c_3\xi^3 + \dots < c_1\xi\left(1 + \frac{1}{5} + \frac{1}{5^2} + \dots\right),$$

et le second membre, qui se réduit à $\frac{5}{8}\xi$, est plus petit que 1.

Donc Φ et, par suite, $\lim S$ ont des valeurs négatives.

De là on conclut que, pour des valeurs assez grandes du nombre m, la dérivée

$$\frac{d}{d\rho}\,\frac{\rho \mathsf{E}^2\mathsf{F}}{\Delta}$$

sera négative.

Par suite, m étant assez grand, A_2 ne sera pas nul et aura une valeur positive.

Conclusions.

51. Dans la première Partie (n° 79) nous avons posé la question sur le nombre des figures d'équilibre non ellipsoïdales qui correspondent, au voisinage d'un ellipsoïde singulier, à une valeur donnée de la vitesse angulaire, et nous sommes parvenus à la conclusion que, si l'on fait abstraction du cas très peu probable où tous les A_i seraient nuls, il ne peut y avoir jamais plus de deux figures d'équilibre non ellipsoïdales ayant la même vitesse angulaire. Nous avons d'ailleurs vu que le seul cas, où l'on pourrait, peut-être, en avoir deux, est celui où l'ellipsoïde singulier qu'on considère appartient à la série des ellipsoïdes de Jacobi et correspond à une valeur paire du nombre m. Mais, pour qu'il en soit alors effectivement ainsi, il faut que le premier terme non nul de la série

$$A_2, \quad A_3, \quad A_4, \quad \ldots$$

soit à indice impair.

A présent, de ce que nous venons de montrer, nous pouvons conclure que la possibilité d'un pareil cas est très peu vraisemblable.

En effet, d'après l'analyse du n° 43, il est peu probable que A_2 puisse jamais être nul. D'autre part, nous avons montré que, pour $m = 4$, ce qui est la plus petite valeur de m qu'on a à considérer, ainsi que pour de grandes valeurs de m, A_2 n'est certainement pas nul, et nous avons vu que, dans tous ces cas, la conclusion découlait toujours de la même circonstance, de ce que la dérivée

$$\frac{d}{d\rho}\frac{\rho \mathsf{E}^2 \mathsf{F}}{\Delta}$$

avait une valeur négative. Il est donc permis de croire qu'il en sera aussi de même dans tous les autres cas.

Ainsi il ne semble pas qu'on puisse jamais avoir, au voisinage d'un ellipsoïde singulier, plus d'une figure non ellipsoïdale d'équilibre pour une valeur donnée de la vitesse angulaire.

52. Nous supposerons dans ce qui suit que, pour l'ellipsoïde singulier dont il s'agira, A_2 ne soit pas nul.

Alors nous parviendrons aux conclusions semblables à celles que nous avons obtenues dans la deuxième Partie en considérant le cas des figures d'équilibre de révolution.

Tout d'abord, comme dans ce dernier cas, l'accroissement de la vitesse angulaire, dans le passage de l'ellipsoïde singulier à la figure d'équilibre considérée, sera de l'ordre du paramètre α, puisque nous aurons un développement de la forme

$$\eta = \eta_1 \alpha + \eta_2 \alpha^2 + \eta_3 \alpha^3 + \ldots,$$

où

$$\eta_1 = -\frac{A_2}{B}$$

ne sera pas nul.

D'ailleurs, en exprimant α en fonction de η, nous pourrons présenter α sous la forme d'une série, procédant suivant les puissances entières et positives de η, et, en nous reportant ensuite à l'expression de la fonction ζ,

$$(1) \qquad \zeta = \zeta_{10}\alpha + \zeta_{01}\eta + \ldots = \sum \zeta_{rs}\alpha^r \eta^s,$$

pour y substituer cette série, nous aurons, pour ζ, un développement suivant les puissances entières et positives de η, où les termes du premier degré ne se réduiront pas identiquement à zéro.

De cette façon, la fonction ζ sera de l'ordre de η ou, ce qui revient au même, de l'ordre de l'accroissement de la vitesse angulaire, et la figure d'équilibre existera quel que soit le signe de cet accroissement.

53. Considérons de plus près la figure d'équilibre, dont la surface sera définie par les équations

$$x = \sqrt{\rho + 1 + \zeta}\,\sin\theta\cos\psi = \sqrt{\rho + 1 + \zeta}\,\frac{\sqrt{1-\mu^2}\sqrt{1-\nu^2}}{\sqrt{1-q}},$$

$$y = \sqrt{\rho + q + \zeta}\,\sin\theta\sin\psi = \sqrt{\rho + q + \zeta}\,\frac{\sqrt{q-\mu^2}\sqrt{\nu^2-q}}{\sqrt{q(1-q)}},$$

$$z = \sqrt{\rho + \zeta}\,\cos\theta \qquad = \sqrt{\rho + \zeta}\,\frac{\mu\nu}{\sqrt{q}}.$$

Nous supposerons que les plans coordonnés coïncident avec les trois plans de symétrie de cette figure. Alors les axes coordonnés en seront des axes de symétrie, et leurs portions tranchées par la surface pourront être appelées les *axes de la figure d'équilibre.*

Cherchons des expressions approchées pour ces axes, en nous bornant aux termes du premier degré par rapport à η.

Soient: F la figure d'équilibre considérée, E_0 l'ellipsoïde singulier dont elle dérive et E_1 l'ellipsoïde de Jacobi correspondant à la même vitesse angulaire que la figure F.

En supposant que ces trois figures sont de même volume, nous allons comparer leurs demi-axes, que nous désignerons,

$$\text{pour F,} \quad \text{par } a, \quad b, \quad c,$$
$$\text{pour } E_1, \quad \text{par } a_1, \quad b_1, \quad c_1,$$

les demi-axes correspondants de l'ellipsoïde E_0 étant

$$\sqrt{\rho+1}, \qquad \sqrt{\rho+q}, \qquad \sqrt{\rho}.$$

Pour pouvoir exprimer a, b, c, mettons en évidence les arguments de la fonction ζ, en écrivant

$$\zeta = \zeta(\mu^2, \nu^2).$$

Alors il viendra

$$a = \sqrt{\rho+1+\zeta(0,q)},$$
$$b = \sqrt{\rho+q+\zeta(0,1)},$$
$$c = \sqrt{\rho+\zeta(q,1)}.$$

De même, si nous désignons par

$$Z = Z(\mu^2, \nu^2)$$

la fonction que l'on déduit de l'expression (1) en y remplaçant α par sa valeur en fonction de η qui correspond à l'ellipsoïde E_1, nous aurons

$$a_1 = \sqrt{\rho+1+Z(0,q)},$$
$$b_1 = \sqrt{\rho+q+Z(0,1)},$$
$$c_1 = \sqrt{\rho+Z(q,1)}.$$

Or, en nous bornant aux termes du premier degré par rapport à η, nous aurons, pour la fonction ζ, cette expression approchée:

$$\zeta = \zeta_{01}\eta - \frac{B}{A_2}\zeta_{10}\eta,$$

et, pour ce qui concerne la fonction Z, on aura

$$Z = \zeta_{01}\eta,$$

puisque la valeur de α qui correspond à l'ellipsoïde E_1 est au moins du second ordre par rapport à η (**1**, n° 76).

Quant aux fonctions ζ_{10} et ζ_{01}, leurs expressions ont été données dans la première Partie (n° 68), et ici nous ne reproduirons que l'expression de ζ_{10}, qui sera

$$\zeta_{10} = \frac{E(\mu)E(\nu)}{(\rho+\mu^2)(\rho+\nu^2)}.$$

D'après cela, en nous bornant à la première puissance de η, nous arrivons à ces formules approchées:

$$(2)\qquad \left\{\begin{aligned} \frac{a}{a_1} &= 1 - \frac{B}{A_2}\,\frac{E(0)E(\sqrt{q})}{\rho(\rho+1)(\rho+q)}\,\frac{\eta}{2},\\ \frac{b}{b_1} &= 1 - \frac{B}{A_2}\,\frac{E(0)E(1)}{\rho(\rho+1)(\rho+q)}\,\frac{\eta}{2},\\ \frac{c}{c_1} &= 1 - \frac{B}{A_2}\,\frac{E(\sqrt{q})E(1)}{\rho(\rho+1)(\rho+q)}\,\frac{\eta}{2}.\end{aligned}\right.$$

Voyons donc ce qu'on peut en conclure.

54. En posant $\frac{m}{2} = n$, on a

$$E(u) = (h_1 - u^2)(h_2 - u^2)\ldots(h_n - u^2).$$

Par suite, comme $h_1, h_2, \ldots, h_n$ sont compris entre q et 1, les valeurs $E(0)$ et $E(\sqrt{q})$ seront toujours positives, et la valeur $E(1)$ sera positive ou négative, suivant que n est un nombre pair ou impair.

D'autre part, dans le cas des ellipsoïdes de Jacobi, B est toujours un nombre négatif (**1**, n° 75), et, quant à A_2, nous avons vu que, dans tous les cas où nous avons pu démontrer que cette constante n'est pas nulle, elle se trouvait être positive.

Nous pouvons donc supposer $A_2 > 0$.

Alors il viendra

$$\frac{B}{A_2} E(0) E(\sqrt{q}) < 0,$$

$$(-1)^n \frac{B}{A_2} E(0) E(1) < 0,$$

$$(-1)^n \frac{B}{A_2} E(\sqrt{q}) E(1) < 0,$$

et les formules (2) conduiront à la conclusion que l'expression

$$\left(\frac{a}{a_1} - 1\right) \frac{1}{\eta}$$

représentera toujours un nombre positif, tandis que les expressions

$$\left(\frac{b}{b_1} - 1\right) \frac{1}{\eta} \quad \text{et} \quad \left(\frac{c}{c_1} - 1\right) \frac{1}{\eta}$$

auront le signe de $(-1)^n$.

Donc, dans le cas de n pair, les différences

$$a - a_1, \qquad b - b_1, \qquad c - c_1$$

seront de même signe, et les demi-axes de la figure F seront plus grands ou plus petits que ceux de l'ellipsoïde E_1, selon que la vitesse angulaire, qui correspond à ces deux figures, sera plus grandes ou plus petite que celle qui correspond à l'ellipsoïde singulier. D'ailleurs les rapports des demi-axes de la figure F aux demi-axes correspondants de l'ellipsoïde E_1 varieront, tous les trois, dans le même sens que la vitesse angulaire.

Tel sera le cas de $m = 4$, que nous avons principalement en vue.

Quant au cas de n impair, la différence $a - a_1$ aura encore le signe de l'accroissement que reçoit la vitesse angulaire quand on passe de l'ellipsoïde singulier aux figures F et E_1, mais les différences $b - b_1$ et $c - c_1$ auront alors le signe contraire, et, des trois rapports

$$\frac{a}{a_1}, \qquad \frac{b}{b_1}, \qquad \frac{c}{c_1},$$

le premier seul variera dans le même sens que la vitesse angulaire, les deux autres variant dans le sens contraire.

De cette façon les variations *relatives* des demi-axes de la figure F par rapport aux demi-axes de l'ellipsoïde E_1 sont connues.

Quant aux variations absolues de ces demi-axes, la question n'est pas résoluble d'une manière aussi simple, et la seule conclusion immédiate que nous pouvons faire à ce sujet est celle qui se rapporte aux demi-axes b et c dans le cas de n pair.

On sait que les demi-axes b_1 et c_1 de l'ellipsoïde E_1 varient dans le même sens que la vitesse angulaire.

Or, dans le cas de n pair, il en est aussi de même des rapports $\frac{b}{b_1}$ et $\frac{c}{c_1}$.

Par suite, b et c varieront alors encore dans le même sens que la vitesse angulaire. Ils seront donc plus grands ou plus petits que les demi-axes correspondants de l'ellipsoïde singulier, selon que l'accroissement de la vitesse angulaire à partir de cet ellipsoïde est positif ou négatif.

Mais il y a plus: le rapport $\frac{b_1}{c_1}$ étant, comme on sait, une fonction croissante de la vitesse angulaire, il en sera aussi de même du rapport $\frac{b}{c}$, car les formules (2), en se bornant toujours à la première puissance de η, donnent

$$\frac{b}{c} = \frac{b_1}{c_1}\left[1 - \frac{B}{A_2}\,\frac{[E(0) - E(\sqrt{q})]\,E(1)}{\rho(\rho+1)(\rho+q)}\,\frac{\eta}{2}\right],$$

où l'on a évidemment

$$E(0) > E(\sqrt{q}),$$

et où la valeur $E(1)$, n étant pair, sera positive.

55. Par ce que nous venons de dire, tout est épuisé ce qu'on pouvait conclure immédiatement, et, si l'on veut arriver à une conclusion plus complète, on devra examiner les expressions de a, b, c qu'on obtient en substituant dans les formules (2) les valeurs de a_1, b_1, c_1.

Il est facile d'obtenir ces valeurs.

En effet, ρ_1 et q_1 étant ce que deviennent ρ et q pour l'ellipsoïde E_1, a_1, b_1, c_1 seront proportionnels respectivement à

$$\sqrt{\rho_1+1}, \qquad \sqrt{\rho_1+q_1}, \qquad \sqrt{\rho_1}.$$

D'après cela, en tenant compte de la condition d'invariabilité du volume, et en se bornant à la première puissance de η, on trouve:

$$\frac{a_1}{\sqrt{\rho+1}} = 1 + \frac{\eta}{6}\frac{d}{d\Omega}\log\frac{(\rho+1)^2}{\rho(\rho+q)},$$

$$\frac{b_1}{\sqrt{\rho+q}} = 1 + \frac{\eta}{6}\frac{d}{d\Omega}\log\frac{(\rho+q)^2}{\rho(\rho+1)},$$

$$\frac{c_1}{\sqrt{q}} = 1 + \frac{\eta}{6}\frac{d}{d\Omega}\log\frac{\rho^2}{(\rho+1)(\rho+q)},$$

où les dérivées par rapport à Ω, qu'on suppose être formées d'après les relations entre ρ, q et Ω qui ont lieu pour les ellipsoïdes de Jacobi, doivent avoir les valeurs relatives à l'ellipsoïde E_0.

En substituant ces expressions dans les formules (2), on aura, au même degré d'approximation,

$$\frac{a}{\sqrt{\rho+1}} = 1 + \left[\frac{d}{d\Omega}\log\frac{(\rho+1)^2}{\rho(\rho+q)} - \frac{B}{A_2}\frac{3E(0)E(\sqrt{q})}{\rho(\rho+1)(\rho+q)}\right]\frac{\eta}{6},$$

$$\frac{b}{\sqrt{\rho+q}} = 1 + \left[\frac{d}{d\Omega}\log\frac{(\rho+q)^2}{\rho(\rho+1)} - \frac{B}{A_2}\frac{3E(0)E(1)}{\rho(\rho+1)(\rho+q)}\right]\frac{\eta}{6},$$

$$\frac{c}{\sqrt{\rho}} = 1 + \left[\frac{d}{d\Omega}\log\frac{\rho^2}{(\rho+1)(\rho+q)} - \frac{B}{A_2}\frac{3E(\sqrt{q})E(1)}{\rho(\rho+1)(\rho+q)}\right]\frac{\eta}{6},$$

et la question se réduira à la recherche des signes des expressions qui se trouvent entre les crochets.

Or, sauf dans les cas que nous avons signalés plus haut, c'est évidemment un problème très compliqué, et nous ne nous en occuperons pas.

56. Pour terminer l'étude des figures d'équilibre correspondant à des valeurs paires du nombre m, disons quelques mots au sujet de leur stabilité.

En admettant le principe de minimum de l'énergie, et en supposant que le liquide considéré soit visqueux, nous devons conclure que toutes ces figures seront instables, s'il s'agit de la stabilité absolue. Il ne pourra donc être question que d'une stabilité conditionnelle, qui suppose que les perturbations soient assujetties à des conditions particulières, et c'est un problème de ce genre que nous allons considérer ici.

Les conditions que nous imposerons aux perturbations seront supposées être telles que, dans le mouvement troublé, le liquide conserve une figure symétrique par rapport à deux plans, se coupant, sous un angle droit, suivant le petit axe de l'ellipsoïde central d'inertie.

En ce qui concerne le problème de minimum qui se rattache au problème de la stabilité, nous avons déjà examiné ces conditions dans le Mémoire *Problème de minimum dans une question de stabilité des figures d'équilibre*, et nous allons maintenant signaler les conclusions sur la stabilité, qui découlent de ce que nous avons montré dans ce Mémoire.

Tout d'abord, pour ce qui concerne la stabilité des ellipsoïdes de Jacobi sous la condition dont il s'agit, nous pouvons conclure ce qui suit:

Les ellipsoïdes qui sont moins allongés que l'ellipsoïde singulier correspondant à $m=4$ sont stables, tandis que l'ellipsoïde singulier lui-même et tous les ellipsoïdes qui sont plus allongés sont instables.

Quant aux figures d'équilibre non ellipsoïdales, nous arrivons à cette conclusion:

Les seules figures d'équilibre qui peuvent être stables sous la condition considérée sont celles qui dérivent de l'ellipsoïde singulier correspondant à $m=4$, et ces figures, tant qu'elles sont assez peu différentes de l'ellipsoïde singulier, seront stables ou instables, selon que le moment des quantités de mouvement qui leur correspond est plus grand ou plus petit que le moment des quantités de mouvement correspondant à l'ellipsoïde singulier.

Or, le paramètre η étant pour ces figures de même ordre que α, le moment des quantités de mouvement qui leur appartient coïncidera, au second ordre près par rapport à η, avec le moment des quantités de mouvement répondant à l'ellipsoïde E_1.

Par suite, pour de petites valeurs de η, les deux moments varieront dans un même sens.

Or, pour l'ellipsoïde E_1, le moment des quantités de mouvement croît quand la vitesse angulaire décroît. Il en sera donc aussi de même du moment appartenant à la figure F.

Par suite, les figures d'équilibre stables seront celles, pour lesquelles la vitesse angulaire est plus petite que pour l'ellipsoïde singulier. Ce seront donc les figures dont le petit axe et l'axe moyen sont inférieurs aux axes correspondants de l'ellipsoïde singulier.

IV. — Recherche de A_3 dans le cas de m impair.

Étude de l'expression générale de A_3.

57. Supposons maintenant que, pour l'ellipsoïde singulier qu'on considère, m soit un nombre impair.

Alors A_2 sera nul, et l'on devra en venir à l'examen de A_3. C'est de cela que nous allons nous occuper à présent.

Au nº 80 de la première Partie nous avons trouvé cette expression pour A_3:

$$A_3 = \frac{1}{\gamma}\int [2(\tau,\tau_1) + (\tau,\tau,\tau)]\, E(\mu)E(\nu)\, d\sigma,$$

où, comme précédemment,

$$\tau = \frac{E(\mu)E(\nu)}{(\rho+\mu^2)(\rho+\nu^2)},$$

$$\gamma = \int [E(\mu)E(\nu)]^2 d\sigma$$

et τ_1 est une solution de l'équation

$$RH\tau_1 - \frac{1}{4\pi}\int \frac{H'\tau_1'}{D}\, d\sigma' = \frac{\Delta}{2}(\tau,\tau), \tag{1}$$

H étant une notation abrégée de la fonction

$$(\rho+\mu^2)(\rho+\nu^2),$$

et (τ,τ) ayant la même signification qu'au nº 40.

Quant à (τ,τ_1) et (τ,τ,τ), nous aurons, d'après les nºˢ 73 et 80 de la première Partie,

$$(\tau,\tau_1) = \frac{1}{4\pi}\lim\left\{\frac{\partial}{\partial v}\int \frac{G(v)\,\tau'\tau_1'}{D(u,v)}\, d\sigma' + \tau\frac{\partial}{\partial u}\int \frac{G(v)\,\tau_1'}{D(u,v)}\, d\sigma' + \tau_1\frac{\partial}{\partial u}\int\frac{G(v)\,\tau'}{D(u,v)}\, d\sigma'\right\},$$

$$(\tau,\tau,\tau) = \frac{1}{4\pi}\lim\left\{\frac{1}{3}\frac{\partial^2}{\partial v^2}\int \frac{G(v)\,\tau'^3}{D(u,v)}\, d\sigma' + \tau\frac{\partial^2}{\partial u\,\partial v}\int \frac{G(v)\,\tau'^2}{D(u,v)}\, d\sigma' + \tau^2\frac{\partial^2}{\partial u^2}\int\frac{G(v)\,\tau'}{D(u,v)}\, d\sigma'\right\},$$

formules qu'on devra calculer comme nous l'avons expliqué au nº 40 au sujet de (τ, τ).

Nous allons maintenant transformer l'expression ci-dessus de A_3, en imitant ce que nous avons fait dans la deuxième Partie à l'occasion d'un problème analogue.

En posant

$$\int (\tau, \tau_1) E(\mu) E(\nu) d\sigma = I_1,$$

$$\int (\tau, \tau, \tau) E(\mu) E(\nu) d\sigma = I_2,$$

nous présenterons cette expression sous la forme

$$A_3 = \frac{1}{\gamma}(2I_1 + I_2), \tag{2}$$

et nous allons étudier séparément les deux intégrales que nous venons d'introduire.

Commençons par considérer I_1.

58. En posant, pour abréger,

$$\frac{1}{4\pi}\left\{\frac{\partial}{\partial u}\int \frac{G(v)\tau'}{D(u,v)} d\sigma'\right\}_{v=\rho} = U,$$

$$\frac{1}{4\pi}\left\{\frac{\partial}{\partial u}\int \frac{G(v)\tau_1'}{D(u,v)} d\sigma'\right\}_{v=\rho} = U_1,$$

$$\frac{1}{4\pi}\left\{\frac{\partial}{\partial v}\int \frac{G(v)\tau'\tau_1'}{D(u,v)} d\sigma'\right\}_{v=\rho} = V_1,$$

nous aurons

$$(\tau, \tau_1) = \lim(U\tau_1 + U_1\tau + V_1),$$

et, d'après cela, il viendra

$$I_1 = \lim\left\{\int U\tau_1 Y d\sigma + \int U_1 \tau Y d\sigma + \int V_1 Y d\sigma\right\},$$

où

$$Y = E(\mu) E(\nu).$$

Cherchons donc les limites des trois intégrales qui se trouvent en parenthèse.

Tout d'abord, on a évidemment

$$U = \frac{1}{4\pi} \frac{d}{du} \int \frac{G(\rho)\tau'}{D(u,\rho)} d\sigma'.$$

Donc, comme (n° 40)

$$G(v) = \frac{(v+\mu'^2)(v+\nu'^2)}{\Delta(v)},$$

il vient

$$U = \frac{1}{4\pi\Delta} \frac{d}{du} \int \frac{Y'}{D(u,\rho)} d\sigma'.$$

Par suite, en se reportant aux formules de Liouville, et tenant compte de ce qu'on doit supposer ici $u < \rho$, on trouve

$$U = \frac{1}{2m+1} \frac{d\mathsf{E}(u)}{du} \frac{\mathsf{F}}{\Delta} Y. \tag{3}$$

On a donc

$$\lim \int U\tau_1 Y d\sigma = \frac{1}{2m+1} \frac{d\mathsf{E}}{d\rho} \frac{\mathsf{F}}{\Delta} \int \tau_1 Y^2 d\sigma. \tag{4}$$

Pour aller plus loin, il faut supposer qu'on ait développé la fonction

$$\frac{Y^2}{H} = \tau Y$$

en une série de produits de Lamé.

Il est évident que cette série ne contiendra que des produits tels que

$$E_{2i,4j}(\mu) E_{2i,4j}(\nu),$$

i et j étant des entiers positifs ou nuls, vérifiant l'inégalité $j \leq i$. Pour abréger l'écriture, nous désignerons un pareil produit par Y_i, en sous-entendant l'indice j. Alors, pour le développement en question, nous aurons

$$\frac{Y^2}{H} = \tau Y = \sum c_i Y_i, \tag{5}$$

où

$$c_i = \frac{1}{\gamma_i}\int \frac{Y^2 Y_i}{H}\, d\sigma, \qquad \gamma_i = \int (Y_i)^2 d\sigma,$$

et où la somme s'étend non seulement aux valeurs de i, mais encore à celles de j.

D'après cela, la formule (4) pourra s'écrire comme il suit:

$$\lim \int U\tau_1 Y d\sigma = \frac{1}{2m+1}\frac{d\mathsf{E}}{d\rho}\frac{\mathsf{F}}{\Delta}\sum c_i \int H\tau_1 Y_i d\sigma.$$

Reportons-nous ensuite à l'expression de U_1, qui se réduit évidemment à

$$U_1 = \frac{1}{4\pi\Delta}\frac{d}{du}\int \frac{H'\tau_1'}{D(u,\rho)}\, d\sigma'.$$

En désignant les fonctions

$$\mathsf{E}_{2i,4j}(u) \quad \text{et} \quad \mathsf{F}_{2i,4j}(v),$$

qui correspondent à Y_i, respectivement par

$$\mathsf{E}_{(i)}(u) \quad \text{et} \quad \mathsf{F}_{(i)}(v),$$

nous aurons, d'après les formules de Liouville,

$$\int U_1 Y_i d\sigma = \frac{1}{4i+1}\frac{d\mathsf{E}_{(i)}(u)}{du}\frac{\mathsf{F}_{(i)}}{\Delta}\int H'\tau_1' Y_i' d\sigma'.$$

Par suite, d'après (5), il viendra

$$\lim \int U_1 \tau Y d\sigma = \sum \frac{c_i}{4i+1}\frac{d\mathsf{E}_{(i)}}{d\rho}\frac{\mathsf{F}_{(i)}}{\Delta}\int H\tau_1 Y_i d\sigma.$$

Reportons-nous enfin à l'expression de V_1, qui se met évidemment sous la forme

$$V_1 = \frac{1}{4\pi}\left\{\frac{\partial}{\partial v}\int \frac{\tau_1' Y' d\sigma'}{\Delta(v) D(u,v)}\right\}_{v=\rho} - \frac{1}{4\pi\Delta}\int \frac{\frac{d\tau'}{d\rho}H'\tau_1'}{D(u,\rho)}\, d\sigma'.$$

De là il vient

$$\int V_1 Y d\sigma = \frac{\mathsf{E}(u)}{2m+1}\left\{\frac{d}{d\rho}\left(\frac{\mathsf{F}}{\Delta}\right)\int \tau_1 Y^2 d\sigma - \frac{\mathsf{F}}{\Delta}\int H\tau_1 \frac{d\tau}{d\rho} Y d\sigma\right\},$$

et, comme d'après (5) on a

$$\frac{d\tau}{d\rho} Y = \sum \frac{dc_i}{d\rho} Y_i,$$

il viendra, en faisant tendre u vers ρ,

$$\lim \int V_1 Y d\sigma = \frac{\mathsf{E}}{2m+1}\sum\left(c_i \frac{d}{d\rho}\frac{\mathsf{F}}{\Delta} - \frac{\mathsf{F}}{\Delta}\frac{dc_i}{d\rho}\right)\int H\tau_1 Y_i d\sigma.$$

De cette façon nous obtenons

$$I_1 = \sum S_i \int H\tau_1 Y_i d\sigma,$$

où

$$S_i = \frac{1}{2m+1}\left(c_i \frac{d}{d\rho}\frac{\mathsf{EF}}{\Delta} - \frac{\mathsf{EF}}{\Delta}\frac{dc_i}{d\rho}\right) + \frac{c_i}{4i+1}\frac{d\mathsf{E}_{(i)}}{d\rho}\frac{\mathsf{F}_{(i)}}{\Delta}. \tag{6}$$

Quant à l'intégrale $\int H\tau_1 Y_i d\sigma$, si nous posons

$$R - \frac{1}{4i+1}\mathsf{E}_{(i)}\mathsf{F}_{(i)} = T_{(i)},$$

l'équation (1) donnera

$$T_{(i)}\int H\tau_1 Y_i d\sigma = \frac{\Delta}{2}\int (\tau,\tau) Y_i d\sigma. \tag{7}$$

Donc tout est ramené à l'évaluation de l'intégrale

$$\int (\tau,\tau) Y_i d\sigma,$$

que nous allons rechercher maintenant.

59. Posons

$$\frac{1}{4\pi}\left\{\frac{\partial}{\partial v}\int \frac{G(v)\tau'^2}{D(u,v)} d\sigma'\right\}_{v=\rho} = V.$$

Alors nous aurons, comme au n° 40,

$$(\tau, \tau) = \lim V + \frac{2}{2m+1} \frac{d\mathsf{E}}{d\rho} \frac{\mathsf{F}}{\Delta} \frac{Y^2}{H},$$

et de là, eu égard à (5), il vient

$$\int (\tau, \tau)\, Y_i\, d\sigma = \lim \int V Y_i\, d\sigma + \frac{2\gamma_i}{2m+1} \frac{d\mathsf{E}}{d\rho} \frac{\mathsf{F}}{\Delta} c_i.$$

On a ensuite

$$\int V Y_i\, d\sigma = \frac{\mathsf{E}_{(i)}(u)}{4i+1} \left\{ \frac{d}{dv} \int \mathsf{F}_{(i)}(v)\, G(v)\, \tau'^2\, Y_i'\, d\sigma' \right\}_{v=\rho},$$

où l'expression qui se trouve en parenthèse se réduit, quand on y pose $v = \rho$, à

$$\frac{d}{d\rho}\left(\frac{\mathsf{F}_{(i)}}{\Delta}\right) \int \frac{Y^2 Y_i}{H}\, d\sigma - \frac{\mathsf{F}_{(i)}}{\Delta} \frac{d}{d\rho} \int \frac{Y^2 Y_i}{H}\, d\sigma.$$

Donc, comme l'intégrale qui figure ici n'est autre chose que $\gamma_i c_i$, on trouve

$$\int (\tau, \tau)\, Y_i\, d\sigma = \frac{\gamma_i}{4i+1} \left(c_i \frac{d}{d\rho} \frac{\mathsf{F}_{(i)}}{\Delta} - \frac{\mathsf{F}_{(i)}}{\Delta} \frac{dc_i}{d\rho} \right) \mathsf{E}_{(i)} + \frac{2\gamma_i}{2m+1} \frac{d\mathsf{E}}{d\rho} \frac{\mathsf{F}}{\Delta} c_i.$$

Maintenant tenons compte de l'équation

$$T_m = 0.$$

Nous pourrons alors écrire

$$T_{(i)} = \frac{1}{2m+1} \mathsf{EF} - \frac{1}{4i+1} \mathsf{E}_{(i)} \mathsf{F}_{(i)},$$

ce qui donne

$$\frac{1}{2m+1} \frac{\mathsf{F}}{\Delta} = \frac{T_{(i)}}{\mathsf{E}\Delta} + \frac{1}{4i+1} \frac{\mathsf{E}_{(i)}}{\mathsf{E}} \frac{\mathsf{F}_{(i)}}{\Delta}.$$

Substituons donc cette expression dans la formule ci-dessus. Alors, après une réduction, il viendra

$$\int (\tau, \tau)\, Y_i\, d\sigma = \frac{2}{\Delta} \frac{1}{\mathsf{E}} \frac{d\mathsf{E}}{d\rho} T_{(i)} \gamma_i c_i + \frac{\gamma_i}{4i+1} \frac{\mathsf{E}_{(i)}}{\mathsf{E}^2} \left(c_i \frac{d}{d\rho} \frac{\mathsf{E}^2 \mathsf{F}_{(i)}}{\Delta} - \frac{\mathsf{E}^2 \mathsf{F}_{(i)}}{\Delta} \frac{dc_i}{d\rho} \right).$$

Cela posé, reportons-nous à l'expression de I_1 obtenue au numéro précédent.

Comme, en vertu de (7), cette expression se met sous la forme

$$I_1 = \frac{\Delta}{2} \sum \frac{S_i}{T_{(i)}} \int (\tau, \tau)\, Y_i\, d\sigma,$$

on aura, en y portant la valeur que nous venons d'obtenir pour l'intégrale,

$$I_1 = \frac{1}{\mathsf{E}} \frac{d\mathsf{E}}{d\rho} \sum S_i \gamma_i c_i + \frac{\Delta}{2\mathsf{E}^2} \sum \frac{\gamma_i}{4i+1} \frac{f_i}{T_{(i)}} S_i \mathsf{E}_{(i)},$$

où

$$f_i = c_i \frac{d}{d\rho} \frac{\mathsf{E}^2\mathsf{F}_{(i)}}{\Delta} - \frac{\mathsf{E}^2\mathsf{F}_{(i)}}{\Delta} \frac{dc_i}{d\rho}. \tag{8}$$

Or, en se reportant à la formule (6), on trouve

$$\sum S_i \gamma_i c_i = \frac{1}{2m+1} \left\{ \frac{d}{d\rho} \left(\frac{\mathsf{EF}}{\Delta} \right) \sum \gamma_i c_i^2 - \frac{\mathsf{EF}}{\Delta} \sum \gamma_i c_i \frac{dc_i}{d\rho} \right\} + \sum \frac{\gamma_i}{4i+1} \frac{d\mathsf{E}_{(i)}}{d\rho} \frac{\mathsf{F}_{(i)}}{\Delta} c_i^2.$$

D'autre part, l'égalité (5) donne

$$\sum \gamma_i c_i^2 = \int \frac{Y^4}{H^2}\, d\sigma,$$

d'où l'on tire

$$\sum \gamma_i c_i \frac{dc_i}{d\rho} = \frac{1}{2} \frac{d}{d\rho} \int \frac{Y^4}{H^2}\, d\sigma.$$

Donc, en posant d'une manière générale

$$\frac{1}{(2m+1)\gamma} \int \frac{[E(\mu)\, E(\nu)]^4}{(\rho+\mu^2)^k (\rho+\nu^2)^k}\, d\sigma = \mathsf{J}_k, \tag{9}$$

on aura

$$I_1 = \frac{\gamma}{2} \frac{1}{\mathsf{E}} \frac{d\mathsf{E}}{d\rho} \left(2\mathsf{J}_2 \frac{d}{d\rho} \frac{\mathsf{EF}}{\Delta} - \frac{\mathsf{EF}}{\Delta} \frac{d\mathsf{J}_2}{d\rho} \right)$$
$$+ \frac{1}{\mathsf{E}} \frac{d\mathsf{E}}{d\rho} \sum \frac{\gamma_i}{4i+1} \frac{d\mathsf{E}_{(i)}}{d\rho} \frac{\mathsf{F}_{(i)}}{\Delta} c_i^2 + \frac{\Delta}{2\mathsf{E}^2} \sum \frac{\gamma_i}{4i+1} \frac{f_i}{T_{(i)}} S_i \mathsf{E}_{(i)}.$$

60. Venons à la recherche de I_2.

En posant

$$\frac{1}{12\pi}\left\{\frac{\partial^2}{\partial v^2}\int\frac{G(v)\tau'^3}{D(u,v)}d\sigma'\right\}_{v=\rho}=W,$$

nous aurons, avec les notations U, V déjà employées,

$$(\tau,\tau,\tau)=\lim\left(W+\tau\frac{dV}{du}+\tau^2\frac{dU}{du}\right),$$

et, par suite,

$$I_2=\lim\left(\int WYd\sigma+\frac{d}{du}\int V\tau Yd\sigma+\frac{d}{du}\int U\tau^2 Yd\sigma\right).$$

Or on a

$$\int WYd\sigma=\frac{\mathsf{E}(u)}{3(2m+1)}\left\{\frac{d^2}{dv^2}\int\mathsf{F}(v)G(v)\tau'^3Y'd\sigma'\right\}_{v=\rho},$$

et, comme on peut écrire

$$\frac{d^2\mathsf{F}G(\rho)}{d\rho^2}=H'\frac{d^2}{d\rho^2}\frac{\mathsf{F}}{\Delta}+2\frac{dH'}{d\rho}\frac{d}{d\rho}\frac{\mathsf{F}}{\Delta}+2\frac{\mathsf{F}}{\Delta},$$

l'expression en parenthèse se réduit, en y posant $v=\rho$, à

$$\frac{d^2}{d\rho^2}\left(\frac{\mathsf{F}}{\Delta}\right)\int\tau^2Y^2d\sigma-\frac{d}{d\rho}\left(\frac{\mathsf{F}}{\Delta}\right)\frac{d}{d\rho}\int\tau^2Y^2d\sigma+2\frac{\mathsf{F}}{\Delta}\int\tau^3Yd\sigma.$$

Il vient donc, en faisant usage de la notation (9),

$$\lim\int WYd\sigma=\frac{\gamma}{3}\left(\mathsf{J}_2\frac{d^2}{d\rho^2}\frac{\mathsf{F}}{\Delta}-\frac{d\mathsf{J}_2}{d\rho}\frac{d}{d\rho}\frac{\mathsf{F}}{\Delta}+2\mathsf{J}_3\frac{\mathsf{F}}{\Delta}\right)\mathsf{E}.$$

Puis, on trouve

$$\int V\tau Yd\sigma=\sum c_i\int VY_id\sigma,$$

et, d'après le numéro précédent, on a

$$\int VY_id\sigma=\frac{\gamma_i}{4i+1}\left(c_i\frac{d}{d\rho}\frac{\mathsf{F}_{(i)}}{\Delta}-\frac{\mathsf{F}_{(i)}}{\Delta}\frac{dc_i}{d\rho}\right)\mathsf{E}_{(i)}(u).$$

On aura donc

$$\lim \frac{d}{du}\int V\tau Y d\sigma = \sum \frac{\gamma_i c_i}{4i+1}\left(c_i \frac{d}{d\rho}\frac{\mathbf{F}_{(i)}}{\Delta} - \frac{\mathbf{F}_{(i)}}{\Delta}\frac{dc_i}{d\rho}\right)\frac{d\mathbf{E}_{(i)}}{d\rho}.$$

Enfin, la formule (3) donne

$$\lim \frac{d}{du}\int U\tau^2 Y^2 d\sigma = \gamma \frac{d^2\mathbf{E}}{d\rho^2}\frac{\mathbf{F}}{\Delta}\mathbf{J}_2.$$

Par suite, on a en définitive

$$I_2 = \frac{\gamma}{3}\left[\mathbf{J}_2\left(\mathbf{E}\frac{d^2}{d\rho^2}\frac{\mathbf{F}}{\Delta} + 3\frac{\mathbf{F}}{\Delta}\frac{d^2\mathbf{E}}{d\rho^2}\right) - \frac{d\mathbf{J}_2}{d\rho}\mathbf{E}\frac{d}{d\rho}\frac{\mathbf{F}}{\Delta} + 2\mathbf{J}_3\frac{\mathbf{EF}}{\Delta}\right]$$
$$+ \sum \frac{\gamma_i c_i}{4i+1}\left(c_i \frac{d}{d\rho}\frac{\mathbf{F}_{(i)}}{\Delta} - \frac{\mathbf{F}_{(i)}}{\Delta}\frac{dc_i}{d\rho}\right)\frac{d\mathbf{E}_{(i)}}{d\rho}.$$

61. Maintenant, en nous reportant à l'expression (2) de A_3, substituons-y les valeurs obtenues pour I_1 et I_2.

Nous aurons

$$A_3 = L'\mathbf{J}_2 - L\frac{d\mathbf{J}_2}{d\rho} + \frac{2}{3}\frac{\mathbf{EF}}{\Delta}\mathbf{J}_3 + M + \frac{\Delta}{\gamma\mathbf{E}^2}\sum \frac{\gamma_i}{4i+1}\frac{f_i}{T_{(i)}}S_i\mathbf{E}_{(i)},$$

où

$$L = \frac{d\mathbf{E}}{d\rho}\frac{\mathbf{F}}{\Delta} + \frac{1}{3}\mathbf{E}\frac{d}{d\rho}\frac{\mathbf{F}}{\Delta},$$

$$L' = \frac{2}{\mathbf{E}}\frac{d\mathbf{E}}{d\rho}\frac{d}{d\rho}\frac{\mathbf{EF}}{\Delta} + \frac{1}{3}\mathbf{E}\frac{d^2}{d\rho^2}\frac{\mathbf{F}}{\Delta} + \frac{\mathbf{F}}{\Delta}\frac{d^2\mathbf{E}}{d\rho^2},$$

$$M = \frac{1}{\gamma}\sum \frac{\gamma_i c_i}{4i+1}\left(\frac{2}{\mathbf{E}}\frac{d\mathbf{E}}{d\rho}\frac{\mathbf{F}_{(i)}}{\Delta}c_i + c_i\frac{d}{d\rho}\frac{\mathbf{F}_{(i)}}{\Delta} - \frac{\mathbf{F}_{(i)}}{\Delta}\frac{dc_i}{d\rho}\right)\frac{d\mathbf{E}_{(i)}}{d\rho}.$$

Or on a évidemment

$$L = \frac{1}{3\mathbf{E}^2}\frac{d}{d\rho}\frac{\mathbf{E}^3\mathbf{F}}{\Delta}, \qquad L' = \frac{1}{3\mathbf{E}^2}\frac{d^2}{d\rho^2}\frac{\mathbf{E}^3\mathbf{F}}{\Delta},$$

et, d'autre part, avec la notation (8), on peut écrire

$$M = \frac{1}{\gamma\mathbf{E}^2}\sum \frac{\gamma_i}{4i+1}c_i f_i\frac{d\mathbf{E}_{(i)}}{d\rho}.$$

On aura donc

$$A_3 = \frac{1}{3\mathbf{E}^2}\left(\mathbf{J}_2 \frac{d^2}{d\rho^2}\frac{\mathbf{E}^3\mathbf{F}}{\Delta} - \frac{d\mathbf{J}_2}{d\rho}\frac{d}{d\rho}\frac{\mathbf{E}^3\mathbf{F}}{\Delta} + 2\mathbf{J}_3\frac{\mathbf{E}^3\mathbf{F}}{\Delta}\right)$$

$$+ \frac{\Delta}{\gamma\mathbf{E}^3}\sum \frac{\gamma_i}{4i+1}\left(S_i\mathbf{E}_{(i)} + c_i\frac{T_{(i)}}{\Delta}\frac{d\mathbf{E}_{(i)}}{d\rho}\right)\frac{f_i}{T_{(i)}}.$$

Maintenant tenons compte de la formule (6), ainsi que de la suivante

$$T_{(i)} = \frac{1}{2m+1}\mathbf{E}\mathbf{F} - \frac{1}{4i+1}\mathbf{E}_{(i)}\mathbf{F}_{(i)},$$

qui a lieu en vertu de l'équation $T_m = 0$.

D'après ces formules, il viendra

$$S_i\mathbf{E}_{(i)} + c_i\frac{T_{(i)}}{\Delta}\frac{d\mathbf{E}_{(i)}}{d\rho} = \frac{1}{2m+1}\left(c_i\mathbf{E}_{(i)}\frac{d}{d\rho}\frac{\mathbf{E}\mathbf{F}}{\Delta} - \mathbf{E}_{(i)}\frac{\mathbf{E}\mathbf{F}}{\Delta}\frac{dc_i}{d\rho} + c_i\frac{\mathbf{E}\mathbf{F}}{\Delta}\frac{d\mathbf{E}_{(i)}}{d\rho}\right),$$

où l'expression en parenthèse se réduit à

$$c_i\frac{d}{d\rho}\frac{\mathbf{E}\mathbf{F}\mathbf{E}_{(i)}}{\Delta} - \frac{\mathbf{E}\mathbf{F}\mathbf{E}_{(i)}}{\Delta}\frac{dc_i}{d\rho},$$

ce que nous désignerons par e_i.

Ainsi nous arriverons à cette formule:

(10) $$A_3 = \frac{S}{3\mathbf{E}^2} + \frac{\Delta}{(2m+1)\gamma\mathbf{E}^3}\sum\frac{\gamma_i}{4i+1}\frac{e_i f_i}{T_{(i)}},$$

où l'on a

(11) $$S = \mathbf{J}_2\frac{d^2}{d\rho^2}\frac{\mathbf{E}^3\mathbf{F}}{\Delta} - \frac{d\mathbf{J}_2}{d\rho}\frac{d}{d\rho}\frac{\mathbf{E}^3\mathbf{F}}{\Delta} + 2\mathbf{J}_3\frac{\mathbf{E}^3\mathbf{F}}{\Delta},$$

(12) $$\begin{cases} e_i = c_i\dfrac{d}{d\rho}\dfrac{\mathbf{E}\mathbf{F}\mathbf{E}_{(i)}}{\Delta} - \dfrac{\mathbf{E}\mathbf{F}\mathbf{E}_{(i)}}{\Delta}\dfrac{dc_i}{d\rho}, \\ f_i = c_i\dfrac{d}{d\rho}\dfrac{\mathbf{E}^2\mathbf{F}_{(i)}}{\Delta} - \dfrac{\mathbf{E}^2\mathbf{F}_{(i)}}{\Delta}\dfrac{dc_i}{d\rho}, \end{cases}$$

et où la somme s'étend à la suite de termes définie par la formule (5).

Or, bien que cette suite soit infinie, nous verrons que *la somme dans la formule* (10) *ne contiendra qu'un nombre limité de termes* (n° 64).

62. Considérons de plus près les expressions de S, des e_i et des f_i. Commençons par examiner S.

En nous reportant à la formule (9) et en posant, pour abréger,

$$\int_0^{\sqrt{q}} \frac{[E(\mu)]^4 d\mu}{(\rho + \mu^2)\mathbf{M}} = \tilde{\xi}, \qquad \int_{\sqrt{q}}^1 \frac{[E(\nu)]^4 d\nu}{(\rho + \nu^2)\mathbf{N}} = \tilde{\eta},$$

nous aurons évidemment

$$(2m+1)\frac{\gamma}{8}\mathbf{J}_2 = \tilde{\xi}\frac{d\tilde{\eta}}{d\rho} - \tilde{\eta}\frac{d\tilde{\xi}}{d\rho},$$

$$(2m+1)\frac{\gamma}{4}\mathbf{J}_3 = \frac{d\tilde{\xi}}{d\rho}\frac{d^2\tilde{\eta}}{d\rho^2} - \frac{d\tilde{\eta}}{d\rho}\frac{d^2\tilde{\xi}}{d\rho^2}.$$

Par suite, la formule (11) pourra s'écrire comme il suit:

$$(13)\qquad (2m+1)\frac{\gamma}{8}S = \begin{vmatrix} \frac{\mathbf{E}^3\mathbf{F}}{\Delta} & \frac{d}{d\rho}\frac{\mathbf{E}^3\mathbf{F}}{\Delta} & \frac{d^2}{d\rho^2}\frac{\mathbf{E}^3\mathbf{F}}{\Delta} \\ \tilde{\xi} & \frac{d\tilde{\xi}}{d\rho} & \frac{d^2\tilde{\xi}}{d\rho^2} \\ \tilde{\eta} & \frac{d\tilde{\eta}}{d\rho} & \frac{d^2\tilde{\eta}}{d\rho^2} \end{vmatrix}.$$

Cela posé, nous remarquons qu'avec les notations du n° 20 on a

$$(14)\qquad \begin{cases} \tilde{\xi} = \mathbf{E}^2\xi + \text{fonction entière de } \rho, \\ \tilde{\eta} = \mathbf{E}^2\eta + \text{fonction entière de } \rho, \end{cases}$$

et que, d'autre part,

$$\beta\xi - \alpha\eta = \frac{\gamma}{8}\frac{\mathbf{EF}}{\Delta}.$$

On aura donc

$$(15)\qquad \frac{8}{\gamma}(\beta\tilde{\xi} - \alpha\tilde{\eta}) = \frac{\mathbf{E}^3\mathbf{F}}{\Delta} - \Pi,$$

Π étant un polynôme entier en ρ, qui sera évidemment donné par la formule

$$(16)\qquad \Pi = \mathbb{E}\frac{\mathbf{E}^3\mathbf{F}}{\Delta}.$$

Or l'égalité (15) fait voir que l'on peut remplacer dans la formule (13) la fonction

$$\frac{\mathsf{E}^3\mathsf{F}}{\Delta}$$

par le polynôme Π. On pourra donc faire le même remplacement dans la formule (11), ce qui donnera

$$S = \mathsf{J}_2 \frac{d^2\Pi}{d\rho^2} - \frac{d\mathsf{J}_2}{d\rho}\frac{d\Pi}{d\rho} + 2\mathsf{J}_3\Pi.$$

De là on peut conclure que S *sera toujours une quantité positive.*

En effet, on a évidemment

$$\mathsf{J}_2 > 0, \qquad \frac{d\mathsf{J}_2}{d\rho} < 0, \qquad \mathsf{J}_3 > 0.$$

D'autre part, d'après la proposition du n° 37, le polynôme Π, défini par la formule (16), aura tous ses coefficients positifs. On aura donc

$$\Pi > 0, \qquad \frac{d\Pi}{d\rho} > 0, \qquad \frac{d^2\Pi}{d\rho^2} > 0.$$

Par suite, il vient $S > 0$.

63. En se servant des équations

$$T_m = 0, \qquad T_{2,3} = 0;$$

on peut présenter S sous une forme algébrique par rapport à ρ et q. Montrons comment on pourra le faire.

A cet effet, nous allons d'abord montrer que, quels que soient ρ et q, S se réduit à une expression de la forme

$$S = \Phi\frac{\mathsf{EF}}{\Delta} + \Psi\frac{R}{\Delta} + F, \tag{17}$$

où Φ, Ψ, F sont des fonctions algébriques de ρ et q, rationnelles par rapport à ρ.

Reprenons l'équation

$$\frac{2}{\pi}(a_1\eta - b_1\xi) = R_1\mathsf{E}^2 + \text{fonction entière de } \rho,$$

considérée au n° 41, et remarquons que, d'après (14), elle peut se mettre sous la forme

$$\frac{2}{\pi}(b_1\overline{\xi} - a_1\overline{\eta}) = \mathbf{E}\, R_1 \mathsf{E}^4 - R_1 \mathsf{E}^4. \tag{18}$$

D'après cette équation, où nous poserons

$$\mathbf{E}\, R_1 \mathsf{E}^4 - R_1 \mathsf{E}^4 = R_2,$$

et tenant compte de l'équation (15), on peut écrire la formule (13) comme il suit:

$$(2m+1)S = \frac{\pi}{2(\alpha b_1 - \beta a_1)} \begin{vmatrix} \Pi & \frac{d\Pi}{d\rho} & \frac{d^2\Pi}{d\rho^2} \\ \frac{\mathsf{E}^8\mathsf{F}}{\Delta} & \frac{d}{d\rho}\frac{\mathsf{E}^8\mathsf{F}}{\Delta} & \frac{d^2}{d\rho^2}\frac{\mathsf{E}^8\mathsf{F}}{\Delta} \\ R_2 & \frac{dR_2}{d\rho} & \frac{d^2R_2}{d\rho^2} \end{vmatrix},$$

et cela se réduit évidemment à

$$S = C\frac{\mathsf{E}^8}{\Delta^2} \begin{vmatrix} \Pi & \frac{d}{d\rho}\frac{\Delta\Pi}{\mathsf{E}^4} & \frac{d^2}{d\rho^2}\frac{\Delta\Pi}{\mathsf{E}^4} \\ \frac{\mathsf{E}^8\mathsf{F}}{\Delta} & \frac{d}{d\rho}\frac{\mathsf{F}}{\mathsf{E}} & \frac{d^2}{d\rho^2}\frac{\mathsf{F}}{\mathsf{E}} \\ R_2 & \frac{d}{d\rho}\frac{\Delta R_2}{\mathsf{E}^4} & \frac{d^2}{d\rho^2}\frac{\Delta R_2}{\mathsf{E}^4} \end{vmatrix}, \tag{19}$$

en faisant, pour abréger,

$$\frac{\pi}{2(2m+1)(\alpha b_1 - \beta a_1)} = C.$$

Or les dérivées

$$\frac{d}{d\rho}\frac{\mathsf{F}}{\mathsf{E}} \quad \text{et} \quad \frac{d^2}{d\rho^2}\frac{\mathsf{F}}{\mathsf{E}}$$

ont des expressions algébriques par rapport à ρ et q, et il en est aussi de même des dérivées

$$\frac{d}{d\rho}\frac{\Delta R_2}{\mathsf{E}^4} \quad \text{et} \quad \frac{d^2}{d\rho^2}\frac{\Delta R_2}{\mathsf{E}^4},$$

puisqu'on a

$$\frac{\Delta R_2}{\mathsf{E}^4} = \frac{\Delta}{\mathsf{E}^4}\,\mathbf{E}\,R_1\mathsf{E}^4 - \Delta R_1$$

et que, d'après le n° 19,

$$\frac{d\Delta R_1}{d\rho} = -\frac{\rho}{2\Delta}.$$

Par suite, dans le déterminant que contient la formule (19), les éléments de la deuxième et de la troisième colonne sont algébriques par rapport à ρ et q. D'ailleurs les produits de ces éléments par Δ sont évidemment rationnels par rapport à ρ.

On voit donc, en ayant égard à la valeur de R_2, que la formule (19) donne bien pour S une expression de la forme (17).

Cette expression étant obtenue, on y posera, avec les notations du n° 23,

$$\frac{\mathsf{EF}}{(2m+1)\Delta} = \frac{R}{\Delta} = \frac{K\rho}{L},$$

et l'on aura ainsi l'expression algébrique, dont S est susceptible en vertu des équations

$$T_{2,3} = 0, \qquad T_m = 0.$$

On voit que ce sera une expression rationnelle par rapport à ρ, où les coefficients, algébriques en q, ne dépendront d'aucun autre nombre transcendant.

Comme, dans le cas général, cette expression sera évidemment très compliquée, nous ne la rechercherons que dans un cas particulier, dont il sera question plus loin.

64. Passons à l'examen des e_i et des f_i.

Ces quantités dépendent des coefficients c_i du développement (5), pour lesquels on a

$$c_i = \frac{1}{\gamma_i}\int \frac{Y^2 Y_i}{H}\,d\sigma. \tag{20}$$

Envisageons donc de plus près ces coefficients.

Conformément aux notations que nous avons adoptées (n° 58), nous poserons

$$Y_i = E_{(i)}(\mu) E_{(i)}(\nu),$$

$E_{(i)}(u)$ étant une fonction de Lamé du type

$$E_{2i,4j}(u).$$

Cela posé, soit, pour abréger,

$$\int_0^{\sqrt{q}} \frac{[E(\mu)]^2 E_{(i)}(\mu)\,d\mu}{(\rho+\mu^2)\,\mathsf{M}} = \tilde{\xi}_i, \qquad \int_{\sqrt{q}}^1 \frac{[E(\nu)]^2 E_{(i)}(\nu)\,d\nu}{(\rho+\nu^2)\,\mathsf{N}} = \tilde{\eta}_i,$$

$$\int_0^{\sqrt{q}} \frac{[E(\mu)]^2 E_{(i)}(\mu)\,d\mu}{\mathsf{M}} = \tilde{\alpha}_i, \qquad \int_{\sqrt{q}}^1 \frac{[E(\nu)]^2 E_{(i)}(\nu)\,d\nu}{\mathsf{N}} = \tilde{\beta}_i.$$

Nous aurons

$$c_i = \frac{8}{\gamma_i}(\tilde{\beta}_i \tilde{\xi}_i - \tilde{\alpha}_i \tilde{\eta}_i).$$

Or le second membre ne diffère de

$$\frac{8}{\gamma_i}\mathsf{E}^2\left(\tilde{\beta}_i \int_0^{\sqrt{q}} \frac{E_{(i)}(\mu)\,d\mu}{(\rho+\mu^2)\mathsf{M}} - \tilde{\alpha}_i \int_{\sqrt{q}}^1 \frac{E_{(i)}(\nu)\,d\nu}{(\rho+\nu^2)\mathsf{N}}\right)$$

que par une fonction entière de ρ, représentant la partie entière de cette dernière expression.

Nous pouvons donc écrire

$$c_i = \frac{8}{\gamma_i}\mathsf{E}^2\left(\tilde{\beta}_i \int_0^{\sqrt{q}} \frac{E_{(i)}(\mu)\,d\mu}{(\rho+\mu^2)\mathsf{M}} - \tilde{\alpha}_i \int_{\sqrt{q}}^1 \frac{E_{(i)}(\nu)\,d\nu}{(\rho+\nu^2)\mathsf{N}}\right) + \text{fonction entière de } \rho.$$

D'autre part, si nous posons

$$\int_0^{\sqrt{q}} \frac{[E_{(i)}(\mu)]^2\,d\mu}{\mathsf{M}} = \alpha_i, \qquad \int_{\sqrt{q}}^1 \frac{[E_{(i)}(\nu)]^2\,d\nu}{\mathsf{N}} = \beta_i,$$

nous aurons, d'après ce que nous avons vu dans la première Partie (n° 12),

$$\frac{\mathsf{F}_{(i)}}{\Delta} = \frac{8}{\gamma_i}\left(\beta_i \int_0^{\sqrt{q}} \frac{E_{(i)}(\mu)\,d\mu}{(\rho+\mu^2)\mathsf{M}} - \alpha_i \int_{\sqrt{q}}^1 \frac{E_{(i)}(\nu)\,d\nu}{(\rho+\nu^2)\mathsf{N}}\right).$$

De là on peut conclure que, si

$$i \geqq m,$$

il viendra

$$c_i = \sigma_i \frac{\mathsf{E}^2\mathsf{F}_{(i)}}{\Delta}, \tag{21}$$

σ_i étant une constante, c.-à-d. une quantité indépendante de ρ.

En effet, soit, pour abréger,

$$\frac{[E(\mu)]^2 E_{(i)}(\nu) - [E(\nu)]^2 E_{(i)}(\mu)}{\nu^2 - \mu^2} = V_i.$$

On aura évidemment

$$8(\beta_i \tilde{\alpha}_i - \alpha_i \tilde{\beta}_i) = \int V_i Y_i \, d\sigma.$$

Or V_i est une fonction entière, symétrique et paire de μ et ν, dont le degré par rapport à chacune des deux variables est égal, si $i \geqq m$, à $2i-2$. Ce degré sera donc inférieur à l'ordre $2i$ de la fonction sphérique Y_i.

Par suite, toutes les fois que $i \geqq m$, l'intégrale

$$\int V_i Y_i \, d\sigma$$

se réduira à zéro, et l'on aura

$$\frac{\tilde{\beta}_i}{\beta_i} = \frac{\tilde{\alpha}_i}{\alpha_i},$$

en vertu de quoi notre expression de c_i pourra s'écrire

$$c_i = \sigma_i \frac{\mathsf{E}^2\mathsf{F}_{(i)}}{\Delta} - \sigma_i \mathbf{E} \frac{\mathsf{E}^2\mathsf{F}_{(i)}}{\Delta},$$

σ_i étant la valeur commune des deux rapports

$$\frac{\tilde{\alpha}_i}{\alpha_i} \quad \text{et} \quad \frac{\tilde{\beta}_i}{\beta_i}.$$

Or, sous la condition considérée, il viendra

$$\mathbf{E} \frac{\mathsf{E}^2\mathsf{F}_{(i)}}{\Delta} = 0,$$

car, $\mathbf{E}^2$ et $\mathbf{E}_{(i)}$ étant des fonctions entières de ρ respectivement des degrés m et i, le développement de la fonction

$$\frac{\mathbf{E}^2\mathbf{F}_{(i)}}{\Delta} = \frac{\mathbf{E}^2}{\mathbf{E}_{(i)}} \frac{\mathbf{E}_{(i)}\mathbf{F}_{(i)}}{\Delta}$$

suivant les puissances décroissantes de ρ ne contiendra que des puissances négatives. On aura donc bien la formule (21).

Cela étant, et en nous reportant aux formules (12), nous parvenons à la conclusion que f_i se réduira à zéro, toutes les fois que $i \geqq m$.

Par suite, la somme dans la formule (10) ne contiendra que les termes, pour lesquels $i < m$. Elle n'aura donc qu'un nombre limité de termes.

Voyons quel sera ce nombre.

Remarquons d'abord que le terme correspondant à $i = 0$ sera nul.

En effet, avec les conventions admises, il viendra

$$\mathbf{E}_{(0)} = 1, \qquad Y_0 = 1,$$

et la formule (20), en y faisant $i = 0$, se réduira à

$$c_0 = \frac{1}{4\pi} \int \frac{Y^2}{H} d\sigma = \frac{\gamma}{4\pi} \frac{\mathbf{EF}}{\Delta}.$$

Nous aurons donc $e_0 = 0$.

Par suite, on obtiendra tous les termes de la somme dont il s'agit, en faisant successivement les $m - 1$ hypothèses suivantes:

$$i = 1, \qquad i = 2, \qquad \ldots, \qquad i = m - 1.$$

Or, la fonction $\mathbf{E}_{(i)}$ représente une des fonctions

$$\mathbf{E}_{2i, 4j}$$

où j est un nombre de la suite 0, 1, 2, ..., i.

Donc, pour toute valeur de i, il y aura $i + 1$ termes, et, par conséquent, le nombre total de termes de la somme en question sera égal à

$$\frac{(m-1)(m+2)}{2}.$$

65. Maintenant, en supposant $i < m$, voyons comment on pourra exprimer c_i. En faisant usage des notations du n° 19, nous aurons

$$\tilde{\xi}_i = \mathsf{E}^2\mathsf{E}_{(i)}x + \text{fonction entière de } \rho,$$

$$\tilde{\eta}_i = \mathsf{E}^2\mathsf{E}_{(i)}y + \text{fonction entière de } \rho$$

et, par suite,

$$c_i = \frac{8}{\gamma_i}\mathsf{E}^2\mathsf{E}_{(i)}(\tilde{\beta}_i x - \tilde{\alpha}_i y) - \frac{8}{\gamma_i}\mathbf{E}\,\mathsf{E}^2\mathsf{E}_{(i)}(\tilde{\beta}_i x - \tilde{\alpha}_i y).$$

Or, des équations (2) du n° 19, en remarquant que

$$ab_1 + ba_1 = \pi q,$$

on tire

$$(22)\qquad \begin{cases} x = \dfrac{1}{2q}(a_1 Q_1 - aR_1), \\ y = \dfrac{1}{2q}(b_1 Q_1 + bR_1). \end{cases}$$

On aura donc, en substituant ces expressions de x et de y,

$$(23)\qquad c_i = -(r_i R_1 + q_i Q_1)\,\mathsf{E}^2\mathsf{E}_{(i)} + \mathbf{E}\,(r_i R_1 + q_i Q_1)\,\mathsf{E}^2\mathsf{E}_{(i)},$$

où

$$r_i = \frac{4}{q\gamma_i}(a\tilde{\beta}_i + b\tilde{\alpha}_i), \qquad q_i = \frac{4}{q\gamma_i}(b_1\tilde{\alpha}_i - a_1\tilde{\beta}_i);$$

et de là, en remplaçant R_1 et Q_1 par leurs valeurs, il vient

$$c_i = \Psi_i - qr_i\frac{\mathsf{E}^2\mathsf{E}_{(i)}}{\rho}\frac{R}{\Delta} - q(1-q)^2 q_i\frac{\mathsf{E}^2\mathsf{E}_{(i)}}{(\rho+1)(\rho+q)}\frac{Q}{\Delta},$$

Ψ_i étant une fonction rationnelle de ρ.

On a ainsi, pour c_i, une expression linéaire par rapport à

$$\frac{R}{\Delta} \quad \text{et} \quad \frac{Q}{\Delta},$$

où les coefficients sont rationnels par rapport à ρ et algébriques par rapport à q, puisque r_i et q_i sont évidemment des fonctions algébriques de q (n° 38). On voit d'ailleurs que ces coefficients ne renferment aucun nombre transcendant, autre que ρ et q.

Reportons-nous maintenant aux formules (12).

En posant, d'une manière générale,

$$u\frac{dv}{d\rho} - v\frac{du}{d\rho} = [u, v],$$

nous pourrons écrire

$$e_i = \left[c_i, \frac{\mathsf{EFE}_{(i)}}{\Delta}\right], \qquad f_i = \left[c_i, \frac{\mathsf{E}^2\mathsf{F}_{(i)}}{\Delta}\right].$$

Or, w étant une fonction quelconque de ρ, on a évidemment

$$[wu, wv] = w^2[u, v].$$

Par suite, en se servant de l'expression obtenue pour c_i, on trouve

$$e_i = \left[\Psi_i, \frac{\mathsf{EFE}_{(i)}}{\Delta}\right] - qr_i\left(\frac{\mathsf{E}^2\mathsf{E}_{(i)}}{\Delta}\right)^2\left[\frac{R}{\rho}, \frac{\mathsf{F}}{\mathsf{E}}\right] - q(1-q)^2 q_i\left(\frac{\mathsf{E}^2\mathsf{E}_{(i)}}{\Delta}\right)^2\left[\frac{Q}{(\rho+1)(\rho+q)}, \frac{\mathsf{F}}{\mathsf{E}}\right],$$

d'où l'on déduira f_i en remplaçant F par $\frac{\mathsf{EF}_{(i)}}{\mathsf{E}_{(i)}}$.

Cela posé, nous remarquons que, d'après les formules

$$\frac{d}{d\rho}\frac{R}{\rho} = -\frac{1}{2\rho\Delta}, \qquad \frac{d}{d\rho}\frac{\mathsf{F}}{\mathsf{E}} = -\frac{2m+1}{2\mathsf{E}^2\Delta},$$

il vient

$$\left[\frac{R}{\rho}, \frac{\mathsf{F}}{\mathsf{E}}\right] = -\frac{2m+1}{2\rho\mathsf{E}^2\Delta}\left(R - \frac{\mathsf{EF}}{2m+1}\right),$$

et que de même, d'après la formule

$$\frac{d}{d\rho}\frac{Q}{(\rho+1)(\rho+q)} = -\frac{1}{2(\rho+1)(\rho+q)\Delta},$$

on a

$$\left[\frac{Q}{(\rho+1)(\rho+q)}, \frac{\mathsf{F}}{\mathsf{E}}\right] = -\frac{2m+1}{2(\rho+1)(\rho+q)\mathsf{E}^2\Delta}\left(Q - \frac{\mathsf{EF}}{2m+1}\right).$$

Il vient donc

$$e_i = \left[\Psi_i, \frac{\mathbf{EFE}_{(i)}}{\Delta}\right] + \frac{(2m+1)qr_i}{2\rho}\left(\frac{\mathbf{EE}_{(i)}}{\Delta}\right)^2 \frac{T_m}{\Delta} + \frac{(2m+1)q(1-q)^2 q_i}{2(\rho+1)(\rho+q)}\left(\frac{\mathbf{EE}_{(i)}}{\Delta}\right)^2 \frac{T_m - T_{2,3}}{\Delta},$$

et l'on trouve de même

$$f_i = \left[\Psi_i, \frac{\mathbf{E}^2\mathbf{F}_{(i)}}{\Delta}\right] + \frac{(4i+1)qr_i}{2\rho}\left(\frac{\mathbf{E}^2}{\Delta}\right)^2 \frac{T_{(i)}}{\Delta} + \frac{(4i+1)q(1-q)^2 q_i}{2(\rho+1)(\rho+q)}\left(\frac{\mathbf{E}^2}{\Delta}\right)^2 \frac{T_{(i)} - T_{2,3}}{\Delta}.$$

De ces formules, qui ont lieu quels que soient ρ et q, on tire, en tenant compte des équations que doivent vérifier ces paramètres,

$$e_i = \left[\Psi_i, \frac{\mathbf{EFE}_{(i)}}{\Delta}\right],$$

$$f_i = \left[\Psi_i, \frac{\mathbf{E}^2\mathbf{F}_{(i)}}{\Delta}\right] + \frac{(4i+1)q}{2}\left(\frac{r_i}{\rho} + \frac{(1-q)^2 q_i}{(\rho+1)(\rho+q)}\right)\frac{\mathbf{E}^4}{\Delta^2}\frac{T_{(i)}}{\Delta}.$$

On trouve ensuite, en posant, pour abréger,

$$\Psi_i \frac{d \log \frac{\mathbf{E}^2\mathbf{E}_{(i)}}{\Delta}}{d\rho} - \frac{d\Psi_i}{d\rho} = \Phi_i,$$

$$\left[\Psi_i, \frac{\mathbf{EFE}_{(i)}}{\Delta}\right] = \Phi_i \frac{\mathbf{EFE}_{(i)}}{\Delta} - \frac{2m+1}{2}\frac{\mathbf{E}_{(i)}}{\Delta^2}\Psi_i,$$

$$\left[\Psi_i, \frac{\mathbf{E}^2\mathbf{F}_{(i)}}{\Delta}\right] = \Phi_i \frac{\mathbf{E}^2\mathbf{F}_{(i)}}{\Delta} - \frac{4i+1}{2}\frac{\mathbf{E}^2}{\Delta^2\mathbf{E}_{(i)}}\Psi,$$

et, pour ce qui concerne $\mathbf{F}_{(i)}$, on aura, comme au n° 20,

$$\frac{1}{4i+1}\frac{\mathbf{F}_{(i)}}{\Delta} = P_i - (g_i R_1 + \mathfrak{g}_i Q_1)\mathbf{E}_{(i)},$$

où P_i est un polynôme entier en ρ, et g_i, $\mathfrak{g}_i$ représentent des quantités ne dépendant que de q. On aura d'ailleurs, pour P_i, g_i, $\mathfrak{g}_i$, des expressions toutes semblables à celles que nous avons trouvées, pour P, g, $\mathfrak{g}$, au nos 21 et 22.

On pourra donc exprimer les quantités

$$\frac{T_{(i)}}{\Delta}, \quad e_i, \quad f_i \tag{24}$$

au moyen des fonctions

$$\frac{\mathsf{EF}}{\Delta}, \quad \frac{R}{\Delta}, \quad \frac{Q}{\Delta},$$

et, en y remplaçant ensuite ces fonctions par les expressions algébriques qui leur sont égales en vertu des équations

$$T_{2,3} = 0 \quad \text{et} \quad T_m = 0,$$

on aura, pour les quantités (24), des expressions algébriques en ρ et q, qui seront rationnelles par rapport à ρ.

Cela étant, si l'on se reporte à la formule (10), et que l'on tienne compte de ce qui a été montré au sujet de S, on pourra conclure que A_3 est exprimable, à l'aide des équations que vérifient ρ et q, sous une forme algébrique par rapport à ces paramètres, et que l'expression algébrique de A_3 représentera une fonction rationnelle de ρ, dont les coefficients ne dépendront d'aucun nombre transcendant autre que q.

Mais cette expression algébrique ne pourra-t-elle pas se réduire, pour certaines valeurs de m, identiquement à zéro?

Pour le décider, il faudrait appliquer la méthode dont nous nous sommes servi, dans ce qui précède, plusieurs fois. Mais, dans le cas actuel, l'expression à examiner étant très compliquée, cette méthode ne conduirait pas au but avec la même simplicité que dans les cas considérés auparavant. C'est pourquoi nous ne nous arrêtons pas ici à l'examen de la question.

66. La fonction rationnelle Ψ_i, qui figure dans les expressions précédentes de c_i, e_i, f_i, sera très compliquée même dans des cas particuliers simples. Il pourra donc être utile de chercher à exprimer ces quantités d'une autre manière.

Nous avons exprimé c_i au moyen des fonctions R et Q. Mais à ces fonctions on pourrait aussi adjoindre les transcendantes F et $\mathsf{F}_{(i)}$, qui figurent déjà dans les formules (12), et chercher ensuite à exprimer c_i à l'aide de deux quelconques des quatre transcendantes

$$R, \quad Q, \quad \mathsf{F}, \quad \mathsf{F}_{(i)}.$$

Voyons quelles sont les conditions pour que les cinq nouvelles expressions de cette espèce existent.

Toutes ces expressions se déduisent de la formule (23) en tenant compte des relations

$$(25)\qquad \begin{cases} \dfrac{1}{2m+1}\dfrac{\mathsf{F}}{\Delta} = \dfrac{P}{\sqrt{\rho+1}} - (gR_1 + \mathfrak{g}Q_1)\mathsf{E}, \\ \dfrac{1}{4i+1}\dfrac{\mathsf{F}_{(i)}}{\Delta} = P_i - (g_i R_1 + \mathfrak{g}_i Q_1)\mathsf{E}_{(i)}. \end{cases}$$

Donc, comme les constantes g et $\mathfrak{g}$ ne sont jamais nulles (nº 22), on pourra toujours exprimer c_i, soit au moyen de R et F, soit au moyen de Q et F.

On pourra aussi toujours exprimer cette quantité au moyen de Q et $\mathsf{F}_{(i)}$, puisque la constante g_i ne sera jamais nulle. En effet, on aura pour cette constante une expression toute semblable à celle que nous avons trouvée au nº 22 pour g dans le cas de m pair.

Quant à la constante $\mathfrak{g}_i$, nous ne pouvons pas affirmer qu'elle ne pourra jamais se réduire à zéro. Mais quand elle n'est pas nulle, ce qui aura, par exemple, lieu lorsque la fonction

$$\mathsf{E}_{(i)} = \mathsf{E}_{2i,4j}$$

correspond à $j=0$ ou à $j=i$, on pourra exprimer c_i au moyen de R et $\mathsf{F}_{(i)}$.

Enfin, quand le déterminant $\mathfrak{g}g_i - g\mathfrak{g}_i$ ne se réduit pas à zéro, on pourra exprimer c_i au moyen de F et $\mathsf{F}_{(i)}$.

Arrêtons-nous à cette dernière manière d'exprimer c_i, laquelle, sous certains rapports, est la plus simple.

En posant, pour abréger,

$$\mathfrak{g}g_i - g\mathfrak{g}_i = G_i,$$

nous aurons, d'après (25),

$$G_i R_1 \mathsf{E}^2\mathsf{E}_{(i)} = \frac{\mathfrak{g}_i}{2m+1}\frac{\mathsf{EFE}_{(i)}}{\Delta} - \frac{\mathfrak{g}}{4i+1}\frac{\mathsf{E}^2\mathsf{F}_{(i)}}{\Delta} + \text{fonction entière de } \rho,$$

$$G_i Q_1 \mathsf{E}^2\mathsf{E}_{(i)} = \frac{g}{4i+1}\frac{\mathsf{E}^2\mathsf{F}_{(i)}}{\Delta} - \frac{g_i}{2m+1}\frac{\mathsf{EFE}_{(i)}}{\Delta} + \text{fonction entière de } \rho.$$

Par suite, la formule (23) donnera

$$(26)\qquad c_i = \varepsilon_i \frac{\mathsf{EFE}_{(i)}}{\Delta} + \sigma_i \frac{\mathsf{E}^2\mathsf{F}_{(i)}}{\Delta} - \Pi_i,$$

où

$$\varepsilon_i = \frac{g_i q_i - \mathrm{g}_i r_i}{(2m+1)G_i}, \qquad \sigma_i = \frac{\mathrm{g} r_i - g q_i}{(4i+1)G_i} \tag{27}$$

et Π_i est une fonction entière de ρ, qui peut évidemment être définie par la formule

$$\Pi_i = \varepsilon_i \mathbf{E}\frac{EFE_{(i)}}{\Delta} + \sigma_i \mathbf{E}\frac{E^2F_{(i)}}{\Delta}.$$

Dans les formules (27) on a

$$r_i = \frac{4}{q\gamma_i}(b\tilde{\alpha}_i + a\tilde{\beta}_i), \qquad q_i = \frac{4}{q\gamma_i}(b_1\tilde{\alpha}_i - a_1\tilde{\beta}_i).$$

Or on peut obtenir pour les constantes g, g, g_i, g_i des expressions analogues.

En effet, d'après les formules du n° 20, on a

$$g R_1 + \mathrm{g} Q_1 = \frac{8(\alpha y - \beta x)}{(2m+1)\gamma}.$$

Par suite, en se reportant aux formules (22), on conclut que

$$g = \frac{4(b\alpha + a\beta)}{(2m+1)q\gamma}, \qquad \mathrm{g} = \frac{4(b_1\alpha - a_1\beta)}{(2m+1)q\gamma},$$

et l'on aura de même

$$g_i = \frac{4(b\alpha_i + a\beta_i)}{(4i+1)q\gamma_i}, \qquad \mathrm{g}_i = \frac{4(b_1\alpha_i - a_1\beta_i)}{(4i+1)q\gamma_i}.$$

D'après ces formules, en tenant compte de l'égalité

$$ab_1 + ba_1 = \pi q,$$

on trouve

$$g_i q_i - \mathrm{g}_i r_i = \frac{16\pi(\beta_i\tilde{\alpha}_i - \alpha_i\tilde{\beta}_i)}{(4i+1)q\gamma_i^2},$$

$$\mathrm{g} r_i - g q_i = \frac{16\pi(\alpha\tilde{\beta}_i - \beta\tilde{\alpha}_i)}{(2m+1)q\gamma\gamma_i},$$

$$\mathrm{g} g_i - g\mathrm{g}_i = \frac{16\pi(\alpha\beta_i - \beta\alpha_i)}{(2m+1)(4i+1)q\gamma\gamma_i}. \tag{28}$$

Donc, pour ε_i et σ_i, on aura encore ces expressions:

$$\varepsilon_i = \frac{\gamma}{\gamma_i} \frac{\beta_i \widetilde{\alpha}_i - \alpha_i \widetilde{\beta}_i}{\alpha \beta_i - \beta \alpha_i}, \qquad \sigma_i = \frac{\alpha \widetilde{\beta}_i - \beta \widetilde{\alpha}_i}{\alpha \beta_i - \beta \alpha_i}.$$

Maintenant, en partant de la formule (26), cherchons les expressions de e_i et de f_i.

Avec la notation abrégée du numéro précédent, nous avons

$$e_i = \left[c_i, \frac{\mathsf{EFE}_{(i)}}{\Delta}\right] = \sigma_i \left[\frac{\mathsf{E}^2\mathsf{F}_{(i)}}{\Delta}, \frac{\mathsf{EFE}_{(i)}}{\Delta}\right] - \left[\Pi_i, \frac{\mathsf{EFE}_{(i)}}{\Delta}\right],$$

$$f_i = \left[c_i, \frac{\mathsf{E}^2\mathsf{F}_{(i)}}{\Delta}\right] = \varepsilon_i \left[\frac{\mathsf{EFE}_{(i)}}{\Delta}, \frac{\mathsf{E}^2\mathsf{F}_{(i)}}{\Delta}\right] - \left[\Pi_i, \frac{\mathsf{E}^2\mathsf{F}_{(i)}}{\Delta}\right].$$

Or on a

$$\left[\frac{\mathsf{E}^2\mathsf{F}_{(i)}}{\Delta}, \frac{\mathsf{EFE}_{(i)}}{\Delta}\right] = \left(\frac{\mathsf{E}^2\mathsf{E}_{(i)}}{\Delta}\right)^2 \left[\frac{\mathsf{F}_{(i)}}{\mathsf{E}_{(i)}}, \frac{\mathsf{F}}{\mathsf{E}}\right]$$

et, d'autre part,

$$\left[\frac{\mathsf{F}_{(i)}}{\mathsf{E}_{(i)}}, \frac{\mathsf{F}}{\mathsf{E}}\right] = \frac{(2m+1)(4i+1)}{2\Delta(\mathsf{EE}_{(i)})^2} \left(\frac{\mathsf{EF}}{2m+1} - \frac{\mathsf{E}_{(i)}\mathsf{F}_{(i)}}{4i+1}\right).$$

Par suite, en tenant compte de l'équation $T_m = 0$, il vient

$$\left[\frac{\mathsf{E}^2\mathsf{F}_{(i)}}{\Delta}, \frac{\mathsf{EFE}_{(i)}}{\Delta}\right] = -\left[\frac{\mathsf{EFE}_{(i)}}{\Delta}, \frac{\mathsf{E}^2\mathsf{F}_{(i)}}{\Delta}\right] = \frac{(2m+1)(4i+1)}{2} \frac{\mathsf{E}^2}{\Delta^2} \frac{T_{(i)}}{\Delta},$$

et les formules ci-dessus se réduisent à

$$e_i = \frac{\mathsf{EFE}_{(i)}}{\Delta} \frac{d\Pi_i}{d\rho} - \Pi_i \frac{d}{d\rho} \frac{\mathsf{EFE}_{(i)}}{\Delta} + \frac{1}{2}(2m+1)(4i+1)\sigma_i \frac{\mathsf{E}^2}{\Delta^2} \frac{T_{(i)}}{\Delta},$$

$$f_i = \frac{\mathsf{E}^2\mathsf{F}_{(i)}}{\Delta} \frac{d\Pi_i}{d\rho} - \Pi_i \frac{d}{d\rho} \frac{\mathsf{E}^2\mathsf{F}_{(i)}}{\Delta} - \frac{1}{2}(2m+1)(4i+1)\varepsilon_i \frac{\mathsf{E}^2}{\Delta^2} \frac{T_{(i)}}{\Delta}.$$

Comme nous avons déjà dit, ces expressions supposent que la quantité (28) ne soit pas nulle. Dans les cas particuliers que nous aurons à considérer, cette condition sera toujours remplie.

67. Nous terminerons par là l'étude de l'expression générale de A_3 et nous allons maintenant grouper les formules relatives au calcul de cette expression, en reproduisant seulement celles dont nous ferons usage dans ce qui suit.

Nous avons posé

$$\mathsf{E}_{2i,4j} = \mathsf{E}_{(i)},$$

quel que soit j, en sorte que le terme général de la somme dans la formule (10) dépendra non seulement de i, mais encore de j, et cette somme devra être étendue à toutes les valeurs dont i et j sont susceptibles.

Or nous avons vu au n° 64 que, pour ce qui concerne i, il suffit d'étendre la sommation à

$$i = 1,\quad 2,\quad \ldots,\quad m-1.$$

Quant à j, on étendra la sommation, i ayant une des valeurs précédentes, à

$$j = 0,\quad 1,\quad \ldots,\quad i,$$

et nous allons maintenant mettre en évidence cette dernière sommation en la désignant par le symbole $\mathfrak{S}$.

Alors la formule (10) s'écrira comme il suit:

$$A_3 = \frac{S}{3\mathsf{E}^2} + \frac{\Delta}{(2m+1)\gamma\mathsf{E}^2}\sum_{i=1}^{m-1}\mathfrak{S}\,\frac{\gamma_i}{4i+1}\,\frac{e_i f_i}{T_{(i)}}.$$

Dans cette formule on a

$$S = C\begin{vmatrix} \Pi & \dfrac{d\Pi}{d\rho} & \dfrac{d^2\Pi}{d\rho^2} \\ \dfrac{\mathsf{E}^3\mathsf{F}}{\Delta} & \dfrac{d}{d\rho}\dfrac{\mathsf{E}^3\mathsf{F}}{\Delta} & \dfrac{d^2}{d\rho^2}\dfrac{\mathsf{E}^3\mathsf{F}}{\Delta} \\ R_2 & \dfrac{dR_2}{d\rho} & \dfrac{d^2R_2}{d\rho^2} \end{vmatrix},$$

où

$$C = \frac{\pi}{2(2m+1)(\alpha b_1 - \beta a_1)} = \frac{2\pi}{(2m+1)^2 q\gamma g},$$

$$\Pi = \mathbf{E}\,\frac{\mathsf{E}^3\mathsf{F}}{\Delta},\qquad R_2 = \mathbf{E}\,R_1\mathsf{E}^4 - R_1\mathsf{E}^4.$$

D'autre part,

$$e_i = \frac{\mathsf{EFE}_{(i)}}{\Delta}\frac{d\Pi_i}{d\rho} - \Pi_i \frac{d}{d\rho}\frac{\mathsf{EFE}_{(i)}}{\Delta} + \frac{1}{2}(2m+1)(4i+1)\sigma_i \frac{\mathsf{E}^2}{\Delta^2}\frac{T_{(i)}}{\Delta},$$

$$f_i = \frac{\mathsf{E}^2\mathsf{F}_{(i)}}{\Delta}\frac{d\Pi_i}{d\rho} - \Pi_i \frac{d}{d\rho}\frac{\mathsf{E}^2\mathsf{F}_{(i)}}{\Delta} - \frac{1}{2}(2m+1)(4i+1)\varepsilon_i \frac{\mathsf{E}^2}{\Delta^2}\frac{T_{(i)}}{\Delta},$$

$$T_{(i)} = R - \frac{1}{4i+1}\mathsf{E}_{(i)}\mathsf{F}_{(i)},$$

$$\frac{1}{4i+1}\frac{\mathsf{F}_{(i)}}{\Delta} = P_i - (g_i R_1 + \mathrm{g}_i Q_1)\,\mathsf{E}_{(i)},$$

où

$$\frac{1}{2}(2m+1)(4i+1)\varepsilon_i = \frac{8\pi}{q\gamma_i^2}\frac{\beta_i\tilde{\alpha}_i - \alpha_i\tilde{\beta}_i}{\mathrm{g}g_i - g\mathrm{g}_i},$$

$$\frac{1}{2}(2m+1)(4i+1)\sigma_i = \frac{8\pi}{q\gamma\gamma_i}\frac{\alpha\tilde{\beta}_i - \beta\tilde{\alpha}_i}{\mathrm{g}g_i - g\mathrm{g}_i},$$

$$\Pi_i = \varepsilon_i \,\mathbf{E}\, \frac{\mathsf{EFE}_{(i)}}{\Delta} + \sigma_i \,\mathbf{E}\, \frac{\mathsf{E}^2\mathsf{F}_{(i)}}{\Delta},$$

$$P_i = g_i \,\mathbf{E}\, R_1 \mathsf{E}_{(i)} + \mathrm{g}_i \,\mathbf{E}\, Q_1 \mathsf{E}_{(i)},$$

$$R_1 = \frac{q}{\rho}\frac{R}{\Delta} - \frac{1}{\rho},$$

$$Q_1 = \frac{q(1-q)^2}{(\rho+1)(\rho+q)}\frac{Q}{\Delta} + \frac{q}{\rho+1} + \frac{1}{\rho+q},$$

et, quant aux constantes g, g, g_i, g_i, on les calculera d'après les formules du n° 22.

Puis on aura

$$\gamma = \int [E(\mu)E(\nu)]^2 d\sigma, \qquad \gamma_i = \int [E_{(i)}(\mu)E_{(i)}(\nu)]^2 d\sigma,$$

$$8(\alpha\tilde{\beta}_i - \beta\tilde{\alpha}_i) = \int \frac{E_{(i)}(\nu) - E_{(i)}(\mu)}{\nu^2 - \mu^2}[E(\mu)E(\nu)]^2 d\sigma,$$

$$8(\beta_i\tilde{\alpha}_i - \alpha_i\tilde{\beta}_i) = \int V_i E_{(i)}(\mu)E_{(i)}(\nu)\,d\sigma,$$

où

$$V_i = \frac{[E(\mu)]^2 E_{(i)}(\nu) - [E(\nu)]^2 E_{(i)}(\mu)}{\nu^2 - \mu^2}.$$

Enfin, après avoir formé les dérivées relatives à ρ, on posera

$$\frac{\mathsf{EF}}{2m+1} = R = Q,$$

et l'on se servira des formules du n° 23.

Le cas le plus simple qu'on aura à considérer est celui de $m = 3$. C'est dans ce cas qu'on arrive aux figures pyriformes d'équilibre.

Venons donc maintenant à son étude.

Réductions relatives au cas de $m = 3$.

68. Dans ce cas notre expression de A_3 se réduit à

$$(1) \qquad A_3 = \frac{S}{3\mathsf{E}^2} + \frac{\Delta}{35\gamma\mathsf{E}^2} \mathbf{S} \frac{\gamma_1 e_1 f_1}{T_{(1)}} + \frac{\Delta}{63\gamma\mathsf{E}^2} \mathbf{S} \frac{\gamma_2 e_2 f_2}{T_{(2)}},$$

où, des deux sommes indiquées par le signe $\mathbf{S}$, la première contient deux termes, correspondant aux deux fonctions $E_{(1)}(x)$ qui, avec la notation complète, s'écrivent

$$E_{2,0}(x) \quad \text{et} \quad E_{2,4}(x),$$

la seconde contient trois termes, correspondant aux trois fonctions $E_{(2)}(x)$ qui sont

$$E_{4,0}(x), \qquad E_{4,4}(x) \quad \text{et} \quad E_{4,8}(x).$$

Or les deux fonctions $E_{(1)}(x)$ sont renfermées dans la formule

$$E_{(1)}(x) = k - x^2,$$

où k est une racine de l'équation

$$(2) \qquad 3k^2 - 2(1+q)k + q = 0,$$

et les trois fonctions $E_{(2)}(x)$ peuvent être représentées, d'après le n° 28, par la formule

$$E_{(2)}(x) = (h_1 - x^2)(h_2 - x^2) = x^4 - sx^2 + r,$$

où

$$r = \frac{3}{5}q - \frac{3}{5}(1+q)s + \frac{7}{10}s^2$$

et s est une racine de l'équation

(3) $$49s^3 - 98(1+q)s^2 + 4(12+37q+12q^2)s - 48q(1+q) = 0.$$

Nous pouvons donc regarder les expressions

$$\frac{\gamma_1 e_1 f_1}{T_{(1)}} \quad \text{et} \quad \frac{\gamma_2 e_2 f_2}{T_{(2)}},$$

la première comme fonction de k, la seconde comme fonction de s, et les deux sommes dans la formule (1) pourront être définies comme étendues, la première aux racines de l'équation (2), la seconde aux racines de l'équation (3).

Cela posé, nous allons transformer notre expression de A_3 d'après les formules du numéro précédent, où l'on aura dans le cas actuel

$$E(x) = \sqrt{1-x^2}\,(h - x^2), \qquad \mathsf{E} = \sqrt{\rho+1}\,(\rho+h),$$

h étant la plus grande racine de l'équation

(4) $$5h^2 - 2(1+2q)h + q = 0.$$

Commençons par la recherche de S.

69. L'expression de S dépend de la quantité

$$R_2 = \mathbf{E}\, R_1 \mathsf{E}^4 - R_1 \mathsf{E}^4,$$

où il convient d'abord de remplacer la fonction entière $\mathbf{E}\, R_1 \mathsf{E}^4$ par une combinaison de certaines autres fonctions entières.

A cet effet nous allons considérer la fonction

(5) $$\mathrm{J} = \frac{1}{\gamma}\int \frac{(\rho + \mu^2 + \nu^2 - 1)\, Y^2 d\sigma}{(\rho+\mu^2)(\rho+\nu^2)},$$

où Y, comme précédemment, désigne le produit $E(\mu)E(\nu)$.

Nous avons déjà posé

$$\int_0^{\sqrt{q}} \frac{[E(\mu)]^2 d\mu}{\mathbf{M}} = \alpha, \qquad \int_{\sqrt{q}}^1 \frac{[E(\nu)]^2 d\nu}{\mathbf{N}} = \beta.$$

Maintenant posons encore

$$\int_0^{\sqrt{q}} \frac{[E(\mu)]^2 \mu^2 d\mu}{\mathbf{M}} = \alpha', \qquad \int_{\sqrt{q}}^1 \frac{[E(\nu)]^2 \nu^2 d\nu}{\mathbf{N}} = \beta'.$$

Alors, avec les notations ξ, η employées précédemment, il viendra

$$\mathrm{J} = \frac{8}{\gamma}[(\alpha - \alpha')\eta - (\beta - \beta')\xi].$$

Substituons-y maintenant les valeurs de ξ et η qui résultent des équations

$$\beta\xi - \alpha\eta = \frac{\gamma}{8}\frac{\mathbf{EF}}{\Delta},$$

$$a_1\eta - b_1\xi = \frac{\pi}{2}\left(R_1\mathbf{E}^2 - \mathop{\mathbf{E}} R_1\mathbf{E}^2\right).$$

En tenant compte de ce que

$$\alpha\beta' - \beta\alpha' = \frac{\gamma}{8},$$

$$\alpha b_1 - \beta a_1 = \frac{\pi}{2(2m+1)C},$$

nous aurons

$$\mathrm{J} = (2m+1)C\left(\mathop{\mathbf{E}} R_1\mathbf{E}^2 - R_1\mathbf{E}^2\right) + C'\frac{\mathbf{EF}}{\Delta},$$

C' étant une constante, dont il est inutile d'écrire la valeur.

Maintenant multiplions cette égalité par $\mathbf{E}^2$ et cherchons les parties entières des deux membres.

Nous aurons évidemment

$$\mathop{\mathbf{E}} \mathrm{J}\mathbf{E}^2 = (2m+1)C\left(\mathbf{E}^2 \mathop{\mathbf{E}} R_1\mathbf{E}^2 - \mathop{\mathbf{E}} R_1\mathbf{E}^4\right) + C'\Pi,$$

et de là, en posant pour abréger

$$\mathbf{E}\, J E^2 = P,$$

on tire

$$\mathbf{E}\, R_1 E^4 = E^2\, \mathbf{E}\, R_1 E^2 - \frac{P}{(2m+1)C} + \frac{C'\Pi}{(2m+1)C}.$$

C'est à cette formule que nous nous arrêterons.

Cela posé, si nous nous reportons à l'expression de S, nous pourrons conclure que la fonction R_2 y peut être remplacée par celle-ci:

$$-\overline{R}_2 = \left(\mathbf{E}\, R_1 E^2 - R_1 E^2\right) E^2 - \frac{P}{(2m+1)C},$$

de sorte qu'on peut écrire

$$S = C \begin{vmatrix} \Pi & \frac{d\Pi}{d\rho} & \frac{d^2\Pi}{d\rho^2} \\ \overline{R}_2 & \frac{d\overline{R}_2}{d\rho} & \frac{d^2\overline{R}_2}{d\rho^2} \\ \frac{E^3F}{\Delta} & \frac{d}{d\rho}\frac{E^3F}{\Delta} & \frac{d^2}{d\rho^2}\frac{E^3F}{\Delta} \end{vmatrix}.$$

70. Avant de passer à notre cas particulier, signalons encore quelques formules générales dont nous aurons à nous servir.

Il est évident qu'on aura une égalité de la forme

$$\frac{d^2}{d\rho^2}\frac{E^3F}{\Delta} = U\frac{d}{d\rho}\frac{E^3F}{\Delta} + V\frac{E^3F}{\Delta}, \tag{6}$$

U et V étant des fonctions algébriques de ρ.

Cherchons donc les expressions de ces fonctions.

En faisant, pour abréger,

$$\frac{E^3F}{\Delta} = y,$$

et tenant compte de la formule

$$\frac{F}{E} = \frac{2m+1}{2}\int_\rho^\infty \frac{d\rho}{E^2\Delta},$$

nous obtenons

$$\frac{dy}{d\rho} = \frac{\mathsf{F}}{\mathsf{E}} \frac{d}{d\rho} \frac{\mathsf{E}^4}{\Delta} - \frac{2m+1}{2} \frac{\mathsf{E}^2}{\Delta^2},$$

ce qui se réduit à

$$\frac{dy}{d\rho} = y \frac{d}{d\rho} \log \frac{\mathsf{E}^4}{\Delta} - \frac{2m+1}{2} \frac{\mathsf{E}^2}{\Delta^2}.$$

Nous obtenons ensuite

$$\frac{d^2y}{d\rho^2} = \frac{dy}{d\rho} \frac{d}{d\rho} \log \frac{\mathsf{E}^4}{\Delta} + y \frac{d^2}{d\rho^2} \log \frac{\mathsf{E}^4}{\Delta} - \frac{2m+1}{2} \frac{d}{d\rho} \frac{\mathsf{E}^2}{\Delta^2},$$

et, si nous en retranchons l'équation précédente multipliée par $\frac{d}{d\rho} \log \frac{\mathsf{E}^2}{\Delta^2}$, il viendra

$$\frac{d^2y}{d\rho^2} = \frac{dy}{d\rho} \frac{d}{d\rho} \log \frac{\mathsf{E}^6}{\Delta^3} + y \left(\frac{d^2}{d\rho^2} \log \frac{\mathsf{E}^4}{\Delta} - \frac{d}{d\rho} \log \frac{\mathsf{E}^2}{\Delta^2} \cdot \frac{d}{d\rho} \log \frac{\mathsf{E}^4}{\Delta} \right).$$

On aura donc bien l'égalité (6), en posant

$$(7) \qquad \begin{cases} U = \frac{d}{d\rho} \log \frac{\mathsf{E}^6}{\Delta^3}, \\ V = \frac{d^2}{d\rho^2} \log \frac{\mathsf{E}^4}{\Delta} - \frac{d}{d\rho} \log \frac{\mathsf{E}^2}{\Delta^2} \cdot \frac{d}{d\rho} \log \frac{\mathsf{E}^4}{\Delta}, \end{cases}$$

et il est évident qu'on aura aussi, avec les mêmes valeurs de U et V,

$$(8) \qquad \frac{d^2}{d\rho^2} \frac{\mathsf{E}^4}{\Delta} = U \frac{d}{d\rho} \frac{\mathsf{E}^4}{\Delta} + V \frac{\mathsf{E}^4}{\Delta}.$$

Il est ensuite facile de s'assurer que l'expression

$$\frac{d^2\overline{R}_2}{d\rho^2} - U \frac{d\overline{R}_2}{d\rho} - V\overline{R}_2$$

représente une fonction algébrique de ρ.

En effet, comme on a

$$\overline{R}_2 = \left(R_1 \mathsf{E}^2 - \mathbf{E} R_1 \mathsf{E}^2 \right) \mathsf{E}^2 + \frac{\mathrm{P}}{(2m+1)C},$$

$$R_1 = \frac{q}{\rho} \frac{R}{\Delta} - \frac{1}{\rho},$$

la différence

$$\overline{R}_2 - q\frac{\mathsf{E}^4}{\Delta}\frac{R}{\rho}$$

représente une fonction rationnelle de ρ, et il en est de même de l'expression

$$\frac{d^2}{d\rho^2}\left(\frac{\mathsf{E}^4}{\Delta}\frac{R}{\rho}\right) - U\frac{d}{d\rho}\left(\frac{\mathsf{E}^4}{\Delta}\frac{R}{\rho}\right) - V\frac{\mathsf{E}^4}{\Delta}\frac{R}{\rho},$$

comme on le voit par l'égalité (8), en tenant compte de la formule

$$\frac{R}{\rho} = \frac{1}{2}\int_\rho^\infty \frac{d\rho}{\rho\Delta}.$$

On trouve d'ailleurs, pour cette expression,

$$\frac{U\mathsf{E}^4}{2\rho\Delta^2} - \frac{1}{\rho\Delta}\frac{d}{d\rho}\frac{\mathsf{E}^4}{\Delta} - \frac{\mathsf{E}^4}{2\Delta}\frac{d}{d\rho}\frac{1}{\rho\Delta},$$

ce qui, en substituant la valeur de U, se réduit à

$$-\frac{\mathsf{E}^4}{2\rho\Delta^2}\frac{d}{d\rho}\log\frac{\mathsf{E}^2}{\rho}.$$

De cette façon on a

$$\frac{d^2}{d\rho^2}\frac{R\mathsf{E}^4}{\rho\Delta} = U\frac{d}{d\rho}\frac{R\mathsf{E}^4}{\rho\Delta} + V\frac{R\mathsf{E}^4}{\rho\Delta} - \frac{\mathsf{E}^4}{2\rho\Delta^2}\frac{d\log\frac{\mathsf{E}^2}{\rho}}{d\rho}. \tag{9}$$

Venons à présent au cas de $m = 3$.

71. Cherchons tout d'abord les polynômes Π et P qui sont définis par les formules

$$\Pi = \mathbf{E}\frac{\mathsf{E}^3\mathsf{F}}{\Delta}, \qquad \mathrm{P} = \mathbf{E}\,\mathsf{J}\mathsf{E}^2.$$

En développant la fonction

$$\frac{\mathsf{EF}}{\Delta} = \frac{1}{\gamma}\int\frac{Y^2 d\sigma}{(\rho+\mu^2)(\rho+\nu^2)}$$

suivant les puissances décroissantes de ρ, on a

$$\frac{\mathsf{EF}}{\Delta} = \frac{1}{\rho^2} - \frac{l}{\rho^3} + \cdots,$$

où

$$l = \frac{1}{\gamma}\int (\mu^2 + \nu^2)\, Y^2 d\sigma.$$

Donc, comme $\mathsf{E}^2 = (\rho + 1)(\rho + h)^2$, il vient

$$\Pi = \rho + 2h + 1 - l.$$

D'autre part, en développant la formule (5) suivant les puissances décroissantes de $\rho + 1$, on trouve

$$J = \frac{1}{\rho + 1} - \frac{n}{(\rho + 1)^3} + \cdots,$$

où

$$n = \frac{1}{\gamma}\int (1 - \mu^2)(1 - \nu^2)\, Y^2 d\sigma.$$

Donc

$$P = (\rho + h)^2 - n.$$

Quant aux constantes l et n, nous les évaluerons plus loin.

Cherchons ensuite la valeur de l'expression

$$R_1\mathsf{E}^2 - \mathop{\mathrm{E}} R_1\mathsf{E}^2$$

que nous désignerons par **X**.

Comme

$$R_1 = \frac{q}{\rho}\frac{R}{\Delta} - \frac{1}{\rho},$$

on a

$$X = q\,\frac{R\mathsf{E}^2}{\rho\Delta} - q \mathop{\mathrm{E}} \frac{R\mathsf{E}^2}{\rho\Delta} - \frac{h^2}{\rho}.$$

Or, le développement de la fonction $\frac{R}{\rho\Delta}$ suivant les puissances décroissantes de ρ commençant par le terme $\frac{1}{3\rho^3}$, il vient

$$\mathop{\mathrm{E}} \frac{R\mathsf{E}^2}{\rho\Delta} = \frac{1}{3}.$$

On a donc

$$X = q\frac{R\mathsf{E}^2}{\rho\Delta} - \frac{1}{3}q - \frac{h^2}{\rho}.$$

Remarquons que, d'après (9), on aura

$$\frac{d^2 X\mathsf{E}^2}{d\rho^2} = U\frac{dX\mathsf{E}^2}{d\rho} + VX\mathsf{E}^2 + W, \tag{10}$$

W étant une fonction rationnelle de ρ.

72. Reportons-nous maintenant à l'expression de S donnée au nº 69. En remarquant que

$$\overline{R}_2 = X\mathsf{E}^2 + \frac{\mathrm{P}}{7C},$$

et tenant compte des expressions que nous avons trouvées pour Π et P, nous pouvons présenter cette expression sous la forme

$$S = S' + S'',$$

où

$$S' = \frac{1}{7}\begin{vmatrix} \Pi & 1 & 0 \\ \mathrm{P} & 2(\rho+h) & 7CW+2 \\ \frac{\mathsf{E}^3\mathsf{F}}{\Delta} & \frac{d}{d\rho}\frac{\mathsf{E}^3\mathsf{F}}{\Delta} & \frac{d^2}{d\rho^2}\frac{\mathsf{E}^3\mathsf{F}}{\Delta} \end{vmatrix}, \quad S'' = C\begin{vmatrix} \Pi & 1 & 0 \\ X\mathsf{E}^2 & \frac{dX\mathsf{E}^2}{d\rho} & \frac{d^2X\mathsf{E}^2}{d\rho^2} - W \\ \frac{\mathsf{E}^3\mathsf{F}}{\Delta} & \frac{d}{d\rho}\frac{\mathsf{E}^3\mathsf{F}}{\Delta} & \frac{d^2}{d\rho^2}\frac{\mathsf{E}^3\mathsf{F}}{\Delta} \end{vmatrix}.$$

Or on a

$$S' = \frac{1}{7}\left[2(\rho+h)\Pi - \mathrm{P}\right]\frac{d^2}{d\rho^2}\frac{\mathsf{E}^3\mathsf{F}}{\Delta} - \frac{1}{7}(7CW+2)\left(\Pi\frac{d}{d\rho}\frac{\mathsf{E}^3\mathsf{F}}{\Delta} - \frac{\mathsf{E}^3\mathsf{F}}{\Delta}\right),$$

et S'', en tenant compte des égalités (6) et (10), se réduit à

$$S'' = C(U+\Pi V)\left(\frac{\mathsf{E}^3\mathsf{F}}{\Delta}\frac{dX\mathsf{E}^2}{d\rho} - X\mathsf{E}^2\frac{d}{d\rho}\frac{\mathsf{E}^3\mathsf{F}}{\Delta}\right)$$

$$= C(U+\Pi V)\left(\frac{\mathsf{EF}}{\Delta}\frac{dX}{d\rho} - X\frac{d}{d\rho}\frac{\mathsf{EF}}{\Delta}\right)\mathsf{E}^4.$$

Par suite, en remplaçant dans S' la dérivée

$$\frac{d^2}{d\rho^2}\frac{\mathbf{E}^3\mathbf{F}}{\Delta}$$

par son expression (6), on aura

$$S = -\frac{1}{7\mathbf{E}^2}\frac{d}{d\rho}\frac{\mathbf{E}^3\mathbf{F}}{\Delta}H_1 + \frac{1}{7}\frac{\mathbf{EF}}{\Delta}H_2 + C\left(X\frac{d}{d\rho}\frac{\mathbf{EF}}{\Delta} - \frac{\mathbf{EF}}{\Delta}\frac{dX}{d\rho}\right)H_3,$$

où

$$H_1 = (7CW+2)\Pi\mathbf{E}^2 - U\mathbf{E}^2[2(\rho+h)\Pi - \mathrm{P}],$$

$$H_2 = (7CW+2)\mathbf{E}^2 + V\mathbf{E}^2[2(\rho+h)\Pi - \mathrm{P}],$$

$$H_3 = -(U+V\Pi)\mathbf{E}^4,$$

ce qui fait voir qu'on peut écrire

$$S = \begin{vmatrix} -\mathbf{E}^2 & \Pi\mathbf{E}^2 & 2(\rho+h)\Pi - \mathrm{P} \\ V\mathbf{E}^2 & U\mathbf{E}^2 & 7CW+2 \\ -\frac{1}{7\mathbf{E}^2}\frac{d}{d\rho}\frac{\mathbf{E}^3\mathbf{F}}{\Delta} & \frac{1}{7}\frac{\mathbf{EF}}{\Delta} & C\left(X\frac{d}{d\rho}\frac{\mathbf{EF}}{\Delta} - \frac{\mathbf{EF}}{\Delta}\frac{dX}{d\rho}\right) \end{vmatrix},$$

ou bien,

$$S = \begin{vmatrix} \Pi\frac{d\mathbf{E}^2}{d\rho} - \mathbf{E}^2 & \Pi\mathbf{E}^2 & 2(\rho+h)\Pi - \mathrm{P} \\ U\frac{d\mathbf{E}^2}{d\rho} + V\mathbf{E}^2 & U\mathbf{E}^2 & 7CW+2 \\ -\frac{1}{7}\frac{d}{d\rho}\frac{\mathbf{EF}}{\Delta} & \frac{1}{7}\frac{\mathbf{EF}}{\Delta} & C\left(X\frac{d}{d\rho}\frac{\mathbf{EF}}{\Delta} - \frac{\mathbf{EF}}{\Delta}\frac{dX}{d\rho}\right) \end{vmatrix}.$$

Cherchons donc les expressions des éléments de ce déterminant.

73. On a

$$\frac{d\mathbf{E}^2}{d\rho} = (\rho+h)^2 + 2(\rho+1)(\rho+h),$$

$$\Pi = \rho + 1 + 2h - l,$$

$$\mathbf{E}^2 = (\rho+1)(\rho+h)^2,$$

d'où il vient

$$\Pi \frac{d\mathbf{E}^2}{d\rho} - \mathbf{E}^2 = (\rho + h)[2(\rho + 1)^2 + (2h - l)(3\rho + h + 2)],$$

$$\Pi \mathbf{E}^2 = (\rho + 1)(\rho + h)^2(\rho + 1 + 2h - l),$$

et, comme $\mathrm{P} = (\rho + h)^2 - n$, on trouve

$$2(\rho + h)\Pi - \mathrm{P} = (\rho + h)(\rho + 3h + 2 - 2l) + n.$$

Puis, en remarquant que les formules (7) donnent

$$U\frac{d\mathbf{E}^2}{d\rho} + V\mathbf{E}^2 = \left(\frac{d\log\frac{\mathbf{E}^6}{\Delta^3}}{d\rho}\,\frac{d\log\mathbf{E}^2}{d\rho} + \frac{d^2\log\frac{\mathbf{E}^4}{\Delta}}{d\rho^2} - \frac{d\log\frac{\mathbf{E}^2}{\Delta^3}}{d\rho}\,\frac{d\log\frac{\mathbf{E}^4}{\Delta}}{d\rho}\right)\mathbf{E}^2$$

$$= \left[\left(\frac{d\log\frac{\mathbf{E}^2}{\Delta^2}}{d\rho}\right)^2 + \frac{d\log\Delta^2}{d\rho}\,\frac{d\log\frac{\mathbf{E}^6}{\Delta^3}}{d\rho} + \frac{d^2\log\frac{\mathbf{E}^4}{\Delta}}{d\rho^2}\right]\mathbf{E}^2,$$

où l'expression en crochets est égale à

$$\left(\frac{2}{\rho+h} - \frac{1}{\rho} - \frac{1}{\rho+q}\right)^2 + \left(\frac{1}{\rho} + \frac{1}{\rho+1} + \frac{1}{\rho+q}\right)\left(\frac{6}{\rho+h} + \frac{3}{2(\rho+1)} - \frac{3}{2\rho} - \frac{3}{2(\rho+q)}\right)$$

$$- \frac{4}{(\rho+h)^2} - \frac{3}{2(\rho+1)^2} + \frac{1}{2\rho^2} + \frac{1}{2(\rho+q)^2},$$

on trouve après les réductions

$$U\frac{d\mathbf{E}^2}{d\rho} + V\mathbf{E}^2 = \left[\frac{2}{\rho+h}\left(\frac{1}{\rho} + \frac{3}{\rho+1} + \frac{1}{\rho+q}\right) - \frac{1}{\rho(\rho+q)}\right]\mathbf{E}^2.$$

Or on a

$$\frac{1}{\rho} + \frac{3}{\rho+1} + \frac{1}{\rho+q} = \frac{5\rho^2 + 2(1+2q)\rho + q}{\rho(\rho+1)(\rho+q)},$$

où le numérateur, en vertu de (4), est réductible à

$$(\rho + h)(5\rho - 5h + 2 + 4q).$$

On a donc

$$U\frac{d\mathbf{E}^2}{d\rho} + V\mathbf{E}^2 = \frac{(\rho+h)^2}{\rho(\rho+q)}(9\rho+3+8q-10h).$$

D'autre part, en remarquant que

$$U = \frac{6}{\rho+h} + \frac{3}{2(\rho+1)} - \frac{3}{2\rho} - \frac{3}{2(\rho+q)} = \frac{6}{\rho+h} - \frac{3(\rho^2+2\rho+q)}{2\Delta^2},$$

on trouve

$$U\mathbf{E}^2 = \frac{\rho+h}{\rho(\rho+q)}\left[6\Delta^2 - \frac{3}{2}(\rho+h)(\rho^2+2\rho+q)\right].$$

Cherchons maintenant la fonction W.
D'après le numéro 71 on a

$$X = q\frac{R\mathbf{E}^2}{\rho\Delta} - \frac{1}{3}q + h - \frac{h(\rho+h)}{\rho}.$$

Par suite, l'équation (10), en tenant compte de (9), donne

$$W = -\frac{q\mathbf{E}^4}{2\rho\Delta^2}\frac{d\log\frac{\mathbf{E}^2}{\rho}}{d\rho} + \frac{3h-q}{3}\left(\frac{d^2\mathbf{E}^2}{d\rho^2} - U\frac{d\mathbf{E}^2}{d\rho} - V\mathbf{E}^2\right)$$
$$+ h\left[U\frac{d}{d\rho}\frac{(\rho+h)\mathbf{E}^2}{\rho} + V\frac{(\rho+h)\mathbf{E}^2}{\rho} - \frac{d^2}{d\rho^2}\frac{(\rho+h)\mathbf{E}^2}{\rho}\right].$$

Or on trouve

$$\frac{\mathbf{E}^4}{\rho\Delta^2}\frac{d\log\frac{\mathbf{E}^2}{\rho}}{d\rho} = \frac{(\rho+h)^3}{\rho^3(\rho+q)}(2\rho^2+\rho-h),$$

$$\frac{d^2}{d\rho^2}\frac{(\rho+h)\mathbf{E}^2}{\rho} = 6(\rho+h)\frac{\rho^2-h}{\rho^2} + 2\frac{(\rho+h)^3}{\rho^3}$$

et, d'après ce que nous venons d'obtenir,

$$U\frac{d}{d\rho}\frac{(\rho+h)\mathbf{E}^2}{\rho} + V\frac{(\rho+h)\mathbf{E}^2}{\rho} = \frac{\rho+h}{\rho}\left(U\frac{d\mathbf{E}^2}{d\rho} + V\mathbf{E}^2\right) - \frac{h}{\rho^2}U\mathbf{E}^2$$
$$= \frac{(\rho+h)^3}{\rho^2(\rho+q)}(9\rho+3+8q-10h) - 6(\rho+h)\frac{h(\rho+1)}{\rho^2}$$
$$+ \frac{3}{2}\frac{h(\rho+h)^2}{\rho^3(\rho+q)}(\rho^2+2\rho+q).$$

On a donc

$$U\frac{d}{d\rho}\frac{(\rho+h)\mathsf{E}^2}{\rho}+V\frac{(\rho+h)\mathsf{E}^2}{\rho}-\frac{d^2}{d\rho^2}\frac{(\rho+h)\mathsf{E}^2}{\rho}$$
$$=\frac{(\rho+h)^3}{\rho^3(\rho+q)}[9\rho^2+(1+8q-10h)\rho-2q]$$
$$+\frac{(\rho+h)^2}{\rho^3(\rho+q)}\left[\frac{3}{2}h(\rho^2+2\rho+q)-6\rho^2(\rho+q)\right],$$

ce qui, en vertu de l'équation (4), se réduit à

$$\frac{(\rho+h)^3}{\rho^3(\rho+q)}[9\rho^2+(1+8q-10h)\rho-2q]$$
$$+\frac{(\rho+h)^3}{\rho^3(\rho+q)}\left[-6\rho^2+\left(\frac{15}{2}h-6q\right)\rho+\frac{3}{2}q\right]$$
$$=\frac{(\rho+h)^3}{\rho^3(\rho+q)}\left[3\rho^2-\left(\frac{5}{2}h-1-2q\right)\rho-\frac{1}{2}q\right]$$
$$=\frac{(\rho+h)^3}{\rho^3(\rho+q)}\left(3\rho^2+\frac{q}{2h}\rho-\frac{1}{2}q\right),$$

et ensuite il vient

$$h\left[U\frac{d}{d\rho}\frac{(\rho+h)\mathsf{E}^2}{\rho}+V\frac{(\rho+h)\mathsf{E}^2}{\rho}-\frac{d^2}{d\rho^2}\frac{(\rho+h)\mathsf{E}^2}{\rho}\right]-\frac{q\mathsf{E}^4}{2\rho\Delta^2}\frac{d\log\frac{\mathsf{E}^2}{\rho}}{d\rho}=(3h-q)\frac{(\rho+h)^3}{\rho(\rho+q)}.$$

De cette façon nous obtenons

$$\frac{W}{3h-q}=\frac{(\rho+h)^3}{\rho(\rho+q)}+\frac{1}{3}\left(\frac{d^2\mathsf{E}^2}{d\rho^2}-U\frac{d\mathsf{E}^2}{d\rho}-V\mathsf{E}^2\right)$$
$$=\frac{(\rho+h)^3}{\rho(\rho+q)}-\frac{(\rho+h)^2}{\rho(\rho+q)}\left(3\rho+1+\frac{8}{3}q-\frac{10}{3}h\right)+2(\rho+h)+\frac{2}{3}(1-h),$$

et cela, en tenant compte de l'équation (4), se met sous la forme

$$\frac{2h(1-h)(h-q)+(5h-1-2q)(\rho+h)^2}{3\rho(\rho+q)}.$$

Nous avons donc

$$W=(3h-q)\frac{2h(1-h)(h-q)+(5h-1-2q)(\rho+h)^2}{3\rho(\rho+q)}.$$

74. Nous avons encore à évaluer les éléments de la troisième ligne de notre déterminant.

Ces éléments représentent des fonctions transcendantes de ρ. Mais nous allons les rendre algébriques en nous servant des équations

$$\frac{1}{7}\,\mathsf{EF} = R = \frac{\rho K \Delta}{L},$$

où, d'après le n° 24,

$$\frac{4h(1-h)}{\rho+1}\,K = \frac{(\rho+h)(\rho+3h)}{\Delta^2},$$

$$\frac{4h(1-h)}{\rho(\rho+1)}\,L = 4h + \left(\frac{1}{\rho}+\frac{1}{\rho+1}+\frac{1}{\rho+q}\right)(\rho+h)(\rho+3h).$$

De cette façon, pour ce qui concerne le second élément, nous obtenons

$$\text{(11)} \qquad \frac{1}{7}\,\frac{\mathsf{EF}}{\Delta} = \frac{(\rho+h)(\rho+3h)}{D},$$

où

$$D = 4h\Delta^2 + \left[3\rho^2 + 2(1+q)\rho + q\right](\rho+h)(\rho+3h).$$

Nous avons ensuite

$$\begin{aligned}\frac{1}{7}\,\frac{d}{d\rho}\,\frac{\mathsf{EF}}{\Delta} &= \frac{1}{7}\,\frac{\mathsf{F}}{\mathsf{E}}\,\frac{d}{d\rho}\,\frac{\mathsf{E}^2}{\Delta} + \frac{1}{7}\,\frac{\mathsf{E}^2}{\Delta}\,\frac{d}{d\rho}\,\frac{\mathsf{F}}{\mathsf{E}} \\ &= \frac{(\rho+h)(\rho+3h)}{D}\,\frac{d}{d\rho}\log\frac{\mathsf{E}^2}{\Delta} - \frac{1}{2\Delta^2} \\ &= \frac{(\rho+h)(\rho+3h)}{D}\,\frac{d}{d\rho}\log\frac{\mathsf{E}^2}{\Delta^2} - \frac{1}{2\Delta^2}\left[1 - \frac{(\rho+h)(\rho+3h)}{D}\,\frac{d\Delta^2}{d\rho}\right],\end{aligned}$$

où l'on a évidemment

$$1 - \frac{(\rho+h)(\rho+3h)}{D}\,\frac{d\Delta^2}{d\rho} = \frac{4h\Delta^2}{D}.$$

Par suite, il vient

$$-\frac{D}{7}\,\frac{d}{d\rho}\,\frac{\mathsf{EF}}{\Delta} = 2h + (\rho+h)(\rho+3h)\left(\frac{1}{\rho}+\frac{1}{\rho+q}-\frac{2}{\rho+h}\right),$$

où le second membre se réduit à

$$3h\frac{\rho+h}{\rho}+(h-q)\frac{\rho+3h}{\rho+q}.$$

Nous avons donc

$$-\frac{1}{7}\frac{d}{d\rho}\frac{\mathsf{EF}}{\Delta}=\frac{3h(\rho+q)(\rho+h)+(h-q)\rho(\rho+3h)}{\rho(\rho+q)D}.$$

Cherchons enfin la valeur de l'expression

$$X\frac{d}{d\rho}\frac{\mathsf{EF}}{\Delta}-\frac{\mathsf{EF}}{\Delta}\frac{dX}{d\rho}.$$

En y substituant l'expression de X, savoir

$$q\frac{R\mathsf{E}^2}{\rho\Delta}-\frac{1}{3}q-\frac{h^2}{\rho},$$

et tenant compte de ce que l'équation $\frac{1}{7}\mathsf{EF}=R$ est équivalente à

$$\frac{R\mathsf{E}^2}{\rho\Delta}\frac{d}{d\rho}\frac{\mathsf{EF}}{\Delta}-\frac{\mathsf{EF}}{\Delta}\frac{d}{d\rho}\frac{R\mathsf{E}^2}{\rho\Delta}=0,$$

nous obtenons

$$7\left(\frac{q}{3}+\frac{h^2}{\rho}\right)\frac{3h(\rho+q)(\rho+h)+(h-q)\rho(\rho+3h)}{\rho(\rho+q)D}-\frac{7h^2(\rho+h)(\rho+3h)}{\rho^2 D}.$$

Nous arrivons ainsi, en faisant les réductions, à cette formule:

$$X\frac{d}{d\rho}\frac{\mathsf{EF}}{\Delta}-\frac{\mathsf{EF}}{\Delta}\frac{dX}{d\rho}=\frac{7(3h-q)(h-q)(3h^2-\rho^2)}{3\rho(\rho+q)D}.$$

75. Maintenant il ne reste plus qu'à calculer les constantes C, n, l. Nous avons (n° 67)

$$C=\frac{\pi}{14(\alpha b_1-\beta a_1)},$$

et l'on a

$$8(\alpha b_1-\beta a_1)=\int\frac{\nu^2[E(\mu)]^2-\mu^2[E(\nu)]^2}{\nu^2-\mu^2}\,d\sigma,$$

où la fonction à intégrer se réduit à

$$h^2 - \mu^2\nu^2(2h+1-\mu^2-\nu^2) = h^2 - 2h\mu^2\nu^2 - \mu^2\nu^2(1-\mu^2)(1-\nu^2) + \mu^4\nu^4.$$

Par suite, en faisant le changement des variables d'après les formules

$$\mu^2\nu^2 = q\cos^2\theta,$$

$$(1-\mu^2)(1-\nu^2) = (1-q)\sin^2\theta\cos^2\psi,$$

ce qui revient à introduire les coordonnées polaires, nous obtenons (nº 38)

$$\frac{2}{\pi}(\alpha b_1 - \beta a_1) = h^2 - \frac{2}{3}qh - \frac{1}{15}q(1-q) + \frac{1}{5}q^2,$$

où le second membre, en vertu de l'équation (4), est égal à

$$2h^2 - \frac{22}{15}qh + \frac{2}{15}q - \frac{2}{5}h + \frac{4}{15}q^2 = \frac{2}{15}(3h-q)(5h-1-2q).$$

Nous avons donc

$$\alpha b_1 - \beta a_1 = \frac{\pi}{15}(3h-q)(5h-1-2q),$$

d'où il vient

$$C = \frac{15}{14(3h-q)(5h-1-2q)}.$$

Ayant ainsi obtenu la valeur de C, nous pouvons en déduire tout de suite la valeur de γ.

En effet, d'après le nº 67, on a

$$C = \frac{2\pi}{49q\gamma g},$$

et nous avons trouvé au nº 24

$$g = \frac{3h-q}{4q(1-q)h(1-h)(h-q)}.$$

Par suite, il vient

$$\gamma = \frac{16\pi}{105}(1-q)h(1-h)(h-q)(5h-1-2q).$$

Passons à l'évaluation de n.

D'après le nº 71,

$$n = \frac{1}{\gamma}\int (1-\mu^2)(1-\nu^2)\, Y^2 d\sigma$$

$$= \frac{1}{\gamma}\int (1-\mu^2)^2(1-\nu^2)^2(h-\mu^2)^2(h-\nu^2)^2 d\sigma,$$

et, pour calculer cette intégrale, nous allons nous servir, au lieu de la substitution précédente, de celle-ci:

$$(1-\mu^2)(1-\nu^2) = (1-q)\cos^2\theta,$$

$$\mu^2\nu^2 = q\sin^2\theta\cos^2\psi,$$

où θ et ψ seront encore les coordonnées polaires des points de la surface de la sphère.

Cela posé, et en remarquant que

$$(h-\mu^2)(h-\nu^2) = -h(1-h) + h(1-\mu^2)(1-\nu^2) + (1-h)\mu^2\nu^2,$$

nous aurons

$$\frac{\gamma n}{(1-q)^2} = \int [q(1-h)\sin^2\theta\cos^2\psi + h(1-q)\cos^2\theta - h(1-h)]^2 \cos^4\theta\, d\sigma$$

$$= \frac{4\pi}{105}q^2(1-h)^2 + \frac{4\pi}{9}h^2(1-q)^2 + \frac{4\pi}{5}h^2(1-h)^2$$

$$+ \frac{8\pi}{63}q(1-q)h(1-h) - \frac{8\pi}{35}qh(1-h)^2 - \frac{8\pi}{7}(1-q)h^2(1-h).$$

Or l'équation (4) donne

$$\frac{q}{h} = \frac{5h-2}{4h-1}, \qquad \frac{1-q}{1-h} = \frac{5h-1}{4h-1}.$$

Nous aurons donc

$$\begin{aligned}\frac{315(4h-1)^2\gamma n}{4\pi(1-q)^2h^2(1-h)^2} = \quad & 3(5h-2)^2+10(5h-2)(5h-1)\\ & +35(5h-1)^2-18(5h-2)(4h-1)\\ & +63(4h-1)^2-90(5h-1)(4h-1)=4(12h^2-5h+1).\end{aligned}$$

Nous remarquons maintenant que, d'après la valeur que nous avons trouvée plus haut pour γ, il vient

$$\frac{315\gamma}{4\pi(1-q)^2h^2(1-h)^2}=\frac{12(h-q)(5h-1-2q)}{(1-q)h(1-h)}$$

et que, d'autre part, on a

$$(h-q)(4h-1)=h(1-h).$$

Par suite, on trouve

$$n=\frac{(1-q)(12h^2-5h+1)}{3(4h-1)(5h-1-2q)},$$

ce qu'on peut encore simplifier, en remarquant que

$$\frac{12h^2-5h+1}{4h-1}=\frac{8h^2}{4h-1}+h-1$$

et que

$$\frac{3h^2}{4h-1}=2h-q.$$

On a donc

$$n=\frac{(1-q)(19h-8q-3)}{9(5h-1-2q)}.$$

Par une méthode toute semblable on peut aussi calculer la constante l, pour laquelle nous avons la formule (n° 71)

$$l=\frac{1}{\gamma}\int(\mu^2+\nu^2)\,Y^2d\sigma.$$

Mais il sera plus simple de partir pour cela de l'égalité

$$\frac{7}{2}\frac{\mathsf{E}^2}{\Delta}\int_\rho^\infty \frac{d\rho}{\mathsf{E}^2\Delta} = \frac{1}{\rho^2} - \frac{l}{\rho^3} + \dots.$$

En différentiant cette égalité par rapport à ρ et en éliminant ensuite l'intégrale, on trouve

$$-\frac{7}{2\Delta^2} + \left(\frac{1}{\rho^2} - \frac{l}{\rho^3} + \dots\right)\frac{d\log\frac{\mathsf{E}^2}{\Delta}}{d\rho} = -\frac{2}{\rho^3} + \frac{3l}{\rho^4} + \dots.$$

Par suite, en tenant compte des développements

$$\frac{1}{\Delta^2} = \frac{1}{\rho^3} - \frac{1+q}{\rho^4} + \dots,$$

$$\frac{d\log\frac{\mathsf{E}^2}{\Delta}}{d\rho} = \frac{2}{\rho+h} + \frac{1}{2(\rho+1)} - \frac{1}{2\rho} - \frac{1}{2(\rho+q)}$$

$$= \frac{3}{2\rho} - \left(2h + \frac{1-q}{2}\right)\frac{1}{\rho^2} + \dots,$$

on arrive à l'équation

$$\frac{7}{2}(1+q) - 2h - \frac{1}{2}(1-q) - \frac{3}{2}l = 3l,$$

d'où il vient

$$l = \frac{2}{3} + \frac{8}{9}q - \frac{4}{9}h. \tag{12}$$

76. Maintenant reportons-nous à l'expression de S trouvée au n° 72 et posons

$$\Pi\frac{d\mathsf{E}^2}{d\rho} - \mathsf{E}^2 = L_1, \qquad \Pi\mathsf{E}^2 = (\rho+h)L_2, \qquad 2(\rho+h)\Pi - \mathrm{P} = L_3,$$

$$U\frac{d\mathsf{E}^2}{d\rho} + V\mathsf{E}^2 = \frac{M_1}{\rho(\rho+q)}, \qquad -\frac{1}{7}\frac{d}{d\rho}\frac{\mathsf{EF}}{\Delta} = \frac{N_1}{\rho(\rho+q)D},$$

$$U\mathsf{E}^2 = \frac{(\rho+h)M_2}{\rho(\rho+q)}, \qquad \frac{1}{7}\frac{\mathsf{EF}}{\Delta} = \frac{(\rho+h)N_2}{\rho(\rho+q)D},$$

$$7CW + 2 = \frac{M_3}{\rho(\rho+q)}, \qquad C\left(X\frac{d}{d\rho}\frac{\mathsf{EF}}{\Delta} - \frac{\mathsf{EF}}{\Delta}\frac{dX}{d\rho}\right) = \frac{N_3}{\rho(\rho+q)D}.$$

Alors il viendra

$$S = \frac{\rho + h}{\rho^2(\rho + q)^2 D} \begin{vmatrix} L_1 & L_2 & L_3 \\ M_1 & M_2 & M_3 \\ N_1 & N_2 & N_3 \end{vmatrix},$$

où, d'après ce que nous venons d'obtenir, on aura

$$L_1 = (\rho + h)\left[2(\rho + 1)^2 + (2h - l)(3\rho + h + 2)\right],$$

$$L_2 = (\rho + 1)(\rho + h)(\rho + 1 + 2h - l),$$

$$L_3 = (\rho + h)(\rho + 3h + 2 - 2l) + n,$$

$$M_1 = (\rho + h)^2(9\rho + 3 + 8q - 10h),$$

$$M_2 = 6\Delta^2 - \frac{3}{2}(\rho + h)(\rho^2 + 2\rho + q),$$

$$M_3 = \frac{5}{2}(\rho + h)^2 + 2\rho(\rho + q) + \frac{5h(1 - h)(h - q)}{5h - 1 - 2q},$$

$$N_1 = 3h(\rho + q)(\rho + h) + (h - q)\rho(\rho + 3h),$$

$$N_2 = \rho(\rho + q)(\rho + 3h),$$

$$N_3 = \frac{5(h - q)(3h^2 - \rho^2)}{2(5h - 1 - 2q)},$$

avec ces valeurs de l et de n:

$$l = \frac{2}{3} + \frac{8}{9}q - \frac{4}{9}h, \qquad n = \frac{(1 - q)(19h - 8q - 3)}{9(5h - 1 - 2q)}.$$

Nous nous arrêterons à cette expression de S, puisqu'il ne semble pas qu'on puisse arriver à un résultat simple en formant le déterminant ci-dessus.

Passons à la recherche des autres termes de A_3.

77. Cherchons les expressions des diverses quantités dont dépend le rapport

$$\frac{\gamma_1 e_1 f_1}{T_{(1)}}.$$

Commençons par la quantité

$$T_{(1)} = R - \frac{1}{5}\mathsf{E}_{(1)}\mathsf{F}_{(1)},$$

où $\mathsf{E}_{(1)} = \rho + k$, k étant une racine de l'équation

$$3k^2 - 2(1+q)k + q = 0, \tag{13}$$

et où (n° 67)

$$\frac{1}{5}\frac{\mathsf{F}_{(1)}}{\Delta} = P_1 - (g_1 R_1 + \mathfrak{g}_1 Q_1)(\rho + k).$$

Dans cette expression, P_1 se calculera par la formule

$$P_1 = \mathbf{E}\,(g_1 R_1 + \mathfrak{g}_1 Q_1)(\rho + k),$$

laquelle, d'après les valeurs de R_1 et Q_1 données dans le numéro cité, se réduit à

$$P_1 = \mathbf{E}\left[\mathfrak{g}_1\left(\frac{q}{\rho+1} + \frac{1}{\rho+q}\right) - \frac{g_1}{\rho}\right](\rho + k) = (1+q)\mathfrak{g}_1 - g_1.$$

Quant aux quantités g_1 et $\mathfrak{g}_1$, on aura, d'après les formules (9) du n° 22,

$$g_1 = \frac{3}{4qk}, \qquad \mathfrak{g}_1 = \frac{1}{4q(1-k)(k-q)}. \tag{14}$$

Il viendra donc

$$P_1 = \frac{(1+q)k - 3(1-k)(k-q)}{4qk(1-k)(k-q)},$$

ou bien, en vertu de (13),

$$P_1 = \frac{1}{2k(1-k)(k-q)}.$$

D'après cela, en remplaçant R_1 et Q_1 par leurs expressions, où l'on posera $Q = R$, on trouve

$$\frac{1}{5}\frac{\mathsf{F}_{(1)}}{\Delta} = \frac{1 + \frac{3}{2q}(1-k)(k-q)\frac{\rho+k}{\rho} - \frac{k}{2q}\left(q\frac{\rho+k}{\rho+1} + \frac{\rho+k}{\rho+q}\right)}{2k(1-k)(k-q)}$$
$$- \frac{1}{4}\left[\frac{3(\rho+k)}{k\rho} + \frac{(1-q)^2(\rho+k)}{(1-k)(k-q)(\rho+1)(\rho+q)}\right]\frac{R}{\Delta}.$$

Or l'équation (13) peut être présentée sous la forme

$$1 + \frac{3}{2q}(1-k)(k-q) - \frac{k}{2q}(1+q) = 0$$

et, d'autre part, en vertu de la même équation, on a

$$\frac{1}{k-q} = \frac{3k-1}{(1-q)k}, \qquad \frac{1}{1-k} = \frac{3k-q}{(1-q)k}.$$

Par suite, le terme indépendant de R dans l'expression obtenue est égal à

$$\frac{3}{4q}\frac{1}{\rho} + \frac{1}{4(k-q)}\frac{1}{\rho+1} - \frac{1}{4q(1-k)}\frac{1}{\rho+q} = \frac{3k+\rho}{4k\Delta^2},$$

et l'expression en crochets, par laquelle est multiplié $\frac{R}{\Delta}$, et qui se met sous la forme

$$\frac{3}{k}\frac{\rho+k}{\rho} + \frac{1-q}{k-q}\frac{1}{\rho+1} + \frac{1-q}{1-k}\frac{1}{\rho+q},$$

se réduit à

$$\frac{3}{k}\frac{\rho+k}{\rho} + \frac{3k-1}{k(\rho+1)} + \frac{3k-q}{k(\rho+q)} = \frac{\rho+3k}{k}\left(\frac{1}{\rho} + \frac{1}{\rho+1} + \frac{1}{\rho+q}\right).$$

Il vient donc

$$\frac{1}{5}\frac{\mathsf{F}_{(1)}}{\Delta} = \frac{\rho+3k}{4k\Delta^2}\left[1 - \Delta^2\left(\frac{1}{\rho} + \frac{1}{\rho+1} + \frac{1}{\rho+q}\right)\frac{R}{\Delta}\right],$$

et cela, en remplaçant R par son expression algébrique, qui, d'après (11), sera donnée par la formule

$$\frac{R}{\Delta} = \frac{(\rho+h)(\rho+3h)}{D}, \tag{15}$$

et en remarquant que

$$\frac{D}{\Delta^2} = 4h + \left(\frac{1}{\rho} + \frac{1}{\rho+1} + \frac{1}{\rho+q}\right)(\rho+h)(\rho+3h),$$

se réduit à

$$\frac{1}{5}\frac{\mathsf{F}_{(1)}}{\Delta} = \frac{h}{k}\frac{\rho+3k}{D}. \tag{16}$$

Par suite, on a

$$\frac{T_{(1)}}{\Delta} = \frac{(\rho+h)(\rho+3h)}{D} - \frac{h}{k}\,\frac{(\rho+k)(\rho+3k)}{D}$$

ou, ce qui revient au même,

$$\frac{T_{(1)}}{\Delta} = \frac{(h-k)(3hk-\rho^2)}{kD}. \tag{17}$$

78. Cherchons maintenant les quantités e_1 et f_1.

En nous reportant aux formules du n° 67 et en remarquant que

$$\Pi_1 = \varepsilon_1 \mathbf{E}\,(\rho+k)\,\frac{\mathsf{EF}}{\Delta} + \sigma_1 \mathbf{E}\,\frac{(\rho+1)(\rho+h)^2}{\rho+k}\,\frac{\mathsf{E}_{(1)}\mathsf{F}_{(1)}}{\Delta} = \sigma_1,$$

nous obtenons

$$\left\{\begin{aligned} e_1 &= -\sigma_1 \frac{d}{d\rho}\,\frac{\mathsf{EFE}_{(1)}}{\Delta} + \frac{35}{2}\,\sigma_1\,\frac{\mathsf{E}^2}{\Delta^2}\,\frac{T_{(1)}}{\Delta},\\ f_1 &= -\sigma_1 \frac{d}{d\rho}\,\frac{\mathsf{E}^2\mathsf{F}_{(1)}}{\Delta} - \frac{35}{2}\,\varepsilon_1\,\frac{\mathsf{E}^2}{\Delta^2}\,\frac{T_{(1)}}{\Delta}.\end{aligned}\right. \tag{18}$$

Cherchons donc d'abord les constantes ε_1 et σ_1.

On a

$$\left\{\begin{aligned} \frac{35}{2\pi}\,\varepsilon_1 &= \frac{8(\beta_1\tilde{\alpha}_1 - \alpha_1\tilde{\beta}_1)}{q\gamma_1{}^2 G_1},\\ \frac{35}{2\pi}\,\sigma_1 &= \frac{8(\alpha\tilde{\beta}_1 - \beta\tilde{\alpha}_1)}{q\gamma\gamma_1 G_1},\end{aligned}\right. \tag{19}$$

où

$$G_1 = g\mathfrak{g}_1 - \mathfrak{g}g_1$$

et, d'après le n° 24,

$$\mathfrak{g} = \frac{3}{4qh(1-h)}, \qquad g = \frac{3h-q}{4q(1-q)h(1-h)(h-q)}. \tag{20}$$

Commençons par calculer G_1.

En tenant compte des formules (14), on trouve

$$G_1 = \frac{3}{16q^2h(1-h)}\left[\frac{3h-q}{(1-q)(h-q)k} - \frac{1}{(1-k)(k-q)}\right].$$

Or l'équation (13) donne

$$\frac{1}{1-k} = \frac{3k-q}{(1-q)k}.$$

On a donc

$$G_1 = \frac{3}{16q^2(1-q)h(1-h)k}\left(\frac{3h-q}{h-q} - \frac{3k-q}{k-q}\right),$$

ce qui se réduit à

$$G_1 = \frac{3(k-h)}{8q(1-q)h(1-h)(h-q)k(k-q)}. \tag{21}$$

Par cette formule on peut conclure que G_1 est toujours un nombre positif. En effet, l'équation (4) peut être mise sous la forme

$$3h^2 - 2(1+q)h + q = 2h(q-h),$$

où le second membre, pour la valeur considérée de h, est négatif. On doit donc conclure que cette valeur de h se trouve entre les deux racines de l'équation (13), dont l'une est plus grande que q, l'autre plus petite que q, et que, par suite, on a toujours

$$\frac{k-h}{k-q} > 0.$$

Maintenant, en nous reportant à l'expression de σ_1, nous remarquons que

$$8(\alpha\tilde{\beta}_1 - \beta\tilde{\alpha}_1) = \int \frac{E_{(1)}(\nu) - E_{(1)}(\mu)}{\nu^2 - \mu^2} Y^2 d\sigma = -\gamma.$$

Nous avons donc

$$\sigma_1 = -\frac{2\pi}{35q\gamma_1 G_1}, \tag{22}$$

d'où l'on voit que σ_1 est un nombre négatif pour chacune des deux racines de l'équation (13).

Calculons ensuite l'intégrale

$$8(\beta_1\tilde{\alpha}_1 - \alpha_1\tilde{\beta}_1) = \int V_1(k-\mu^2)(k-\nu^2)\,d\sigma,$$

où

$$V_1 = \frac{(1-\mu^2)(h-\mu^2)^2(k-\nu^2) - (1-\nu^2)(h-\nu^2)^2(k-\mu^2)}{\nu^2-\mu^2}.$$

Comme V_1 se réduit à

$$(2h+1-k-\mu^2-\nu^2)(k-\mu^2)(k-\nu^2) - (1-k)(h-k)^2,$$

et comme on a

$$\int (k-\mu^2)(k-\nu^2)\,d\sigma = 0,$$

$$\int (k-\mu^2)^2(k-\nu^2)^2\,d\sigma = \gamma_1,$$

il vient

$$8(\beta_1\tilde{\alpha}_1 - \alpha_1\tilde{\beta}_1) = (2h+1-k-l_1)\gamma_1,$$

en posant

$$\frac{1}{\gamma_1}\int (\mu^2+\nu^2)(k-\mu^2)^2(k-\nu^2)^2\,d\sigma = l_1.$$

Or $-l_1$ est le coefficient du terme en $\frac{1}{\rho^3}$ dans le développement de la fonction

$$\frac{1}{\gamma_1}\int \frac{(k-\mu^2)^2(k-\nu^2)^2}{(\rho+\mu^2)(\rho+\nu^2)}\,d\sigma = \frac{\mathsf{E}_{(1)}\mathsf{F}_{(1)}}{\Delta}$$

suivant les puissances décroissantes de ρ.

Nous pouvons donc poser

$$\frac{5}{2}\,\frac{(\rho+k)^2}{\Delta}\int_\rho^\infty \frac{d\rho}{(\rho+k)^2\Delta} = \frac{1}{\rho^2} - \frac{l_1}{\rho^3} + \cdots.$$

En différentiant cette égalité par rapport à ρ et en nous en servant ensuite pour éliminer l'intégrale, nous obtenons

$$-\frac{5}{2\Delta^2} + \left(\frac{1}{\rho^2} - \frac{l_1}{\rho^3} + \cdots\right)\frac{d}{d\rho}\log\frac{(\rho+k)^2}{\Delta} = -\frac{2}{\rho^3} + \frac{3l_1}{\rho^4} + \cdots,$$

et de là, eu égard aux développements

$$\frac{1}{\Delta^2} = \frac{1}{\rho^3} - \frac{1+q}{\rho^4} + \cdots,$$

$$\frac{d}{d\rho}\log\frac{(\rho+k)^2}{\Delta} = \frac{1}{2\rho} - \frac{4k-1-q}{2\rho^2} + \cdots,$$

il vient

$$\frac{5}{2}(1+q) - 2k + \frac{1}{2}(1+q) - \frac{1}{2}l_1 = 3l_1.$$

On a donc

$$l_1 = \frac{6}{7}(1+q) - \frac{4}{7}k.$$

D'après cela on obtient

$$8(\beta_1\tilde{\alpha}_1 - \alpha_1\tilde{\beta}_1) = \left(2h + \frac{1}{7} - \frac{6}{7}q - \frac{3}{7}k\right)\gamma_1.$$

Enfin, en remarquant que les formules (19) donnent

$$\frac{\varepsilon_1}{\sigma_1} = \frac{\gamma}{\gamma_1}\,\frac{8(\beta_1\tilde{\alpha}_1 - \alpha_1\tilde{\beta}_1)}{8(\alpha\tilde{\beta}_1 - \beta\tilde{\alpha}_1)},$$

on trouve

$$(23) \qquad -\frac{\varepsilon_1}{\sigma_1} = 2h + \frac{1}{7} - \frac{6}{7}q - \frac{3}{7}k,$$

et il est facile de voir que le second membre représente un nombre positif. En effet, on a

$$2h + \frac{1}{7} - \frac{6}{7}q - \frac{3}{7}k = \frac{6}{7}(h-q) + \frac{3}{7}(1-k) + \frac{2}{7}(4h-1),$$

et le nombre h est plus grand que $\frac{2}{5}$, comme on le voit immédiatement par l'équation (4).

Donc, σ_1 étant toujours un nombre négatif, ε_1 sera positif pour chacune des deux racines de l'équation (13).

Remarquons que l'inégalité

$$2h + \frac{1}{7} - \frac{6}{7}q - \frac{3}{7}k > 0$$

est équivalente à celle-ci:

$$2h+1-l_1-k>0. \tag{24}$$

Maintenant, pour achever l'évaluation des constantes, il ne reste plus qu'à calculer

$$\gamma_1=\int(k-\mu^2)^2(k-\nu^2)^2d\sigma.$$

Mais, au lieu de nous servir pour cela de cette formule, nous partirons de la formule

$$g_i=\frac{4(b_1\alpha_i-a_1\beta_i)}{(4i+1)q\gamma_i}$$

signalée au n° 66.

Nous aurons ainsi

$$\gamma_1=\frac{4(b_1\alpha_1-a_1\beta_1)}{5qg_1},$$

où l'on a

$$4(b_1\alpha_1-a_1\beta_1)=\frac{1}{2}\int\frac{\nu^2(k-\mu^2)^2-\mu^2(k-\nu^2)^2}{\nu^2-\mu^2}d\sigma,$$

ce qui se réduit à

$$4(b_1\alpha_1-a_1\beta_1)=\frac{1}{2}\int(k^2-\mu^2\nu^2)d\sigma=2\pi\left(k^2-\frac{1}{3}q\right).$$

Il vient donc

$$\gamma_1=\frac{2\pi}{5}\,\frac{k^2-\frac{1}{3}q}{qg_1},$$

ou bien, d'après (14),

$$\gamma_1=\frac{8\pi}{5}(1-k)(k-q)\left(k^2-\frac{1}{3}q\right),$$

ce qu'on peut encore écrire, en tenant compte de l'équation (13), comme il suit:

$$\gamma_1=\frac{16\pi}{15}k(1-k)(k-q)(3k-1-q). \tag{25}$$

On a ainsi, pour γ_1, une expression analogue à celle que nous avons trouvée au n° 75 pour γ:

(26) $$\gamma = \frac{16\pi}{105}(1-q)h(1-h)(h-q)(5h-1-2q).$$

Remarquons que, d'après (21), il vient

$$\gamma G_1 = \frac{2\pi}{35}\frac{(k-h)(5h-1-2q)}{qk(k-q)},$$

et que, par suite, la formule (22) donne

(27) $$\frac{\gamma_1}{\gamma}\sigma_1 = -\frac{k(k-q)}{(k-h)(5h-1-2q)}.$$

79. Revenons aux formules (18). Mais, avant de chercher à les réduire, voyons ce qu'on peut en conclure au sujet des signes de e_1 et f_1.

Nous allons montrer que les dérivées

$$\frac{d}{d\rho}\frac{\mathsf{E}^2\mathsf{F}_{(1)}}{\Delta} \quad \text{et} \quad \frac{d}{d\rho}\frac{\mathsf{EFE}_{(1)}}{\Delta}$$

ont des valeurs négatives pour chacune des deux racines de l'équation (13).

En commençant par la première de ces dérivées, posons

$$\mathsf{E}^2\frac{\mathsf{E}_{(1)}\mathsf{F}_{(1)}}{\Delta} - \mathbf{E}\,\mathsf{E}^2\frac{\mathsf{E}_{(1)}\mathsf{F}_{(1)}}{\Delta} = F$$

et remarquons que les développements

$$\mathsf{E}^2 = \rho^3 + (2h+1)\rho^2 + \cdots,$$

$$\frac{\mathsf{E}_{(1)}\mathsf{F}_{(1)}}{\Delta} = \frac{1}{\rho^2} - \frac{l_1}{\rho^3} + \cdots$$

donnent

$$\mathbf{E}\,\mathsf{E}^2\frac{\mathsf{E}_{(1)}\mathsf{F}_{(1)}}{\Delta} = \rho + 2h + 1 - l_1.$$

On a donc, en remplaçant $\mathsf{E}_{(1)}$ par sa valeur,

(28) $$\frac{\mathsf{E}^2\mathsf{F}_{(1)}}{\Delta} = 1 + \frac{2h+1-l_1-k}{\rho+k} + \frac{F}{\rho+k}.$$

Or, d'après la proposition que nous avons énoncée à la fin du n° 37, les coefficients du développement de la fonction F suivant les puissances décroissantes de $\rho+1$ tous seront positifs. Dailleurs ce développement représentera la fonction F pour toutes les valeurs positives de ρ.

Donc F est une fonction décroissante de ρ.

Par suite, en tenant compte de l'inégalité (24), nous pouvons conclure que le second membre de l'égalité (28) est une fonction décroissante de ρ.

Nous aurons donc

$$\frac{d}{d\rho}\frac{\mathbf{E}^2\mathbf{F}_{(1)}}{\Delta} < 0.$$

Considérons ensuite la dérivée

$$\frac{d}{d\rho}\frac{\rho\mathbf{EF}}{\Delta}.$$

Avec les notations du n° 76 on peut écrire

$$\frac{1}{7}\rho(\rho+q)D\frac{d}{d\rho}\frac{\rho\mathbf{EF}}{\Delta} = (\rho+h)N_2 - \rho N_1,$$

et, d'après les valeurs de N_1 et N_2 données dans le même numéro, on trouve

$$\frac{\rho N_1}{N_2} = 3h\frac{\rho+h}{\rho+3h} + (h-q)\frac{\rho}{\rho+q} = \rho+h+\rho\left(\frac{h-\rho-2q}{\rho+q}+\frac{2h}{\rho+3h}\right).$$

Or on a

$$h-\rho-2q > 0,$$

car c'est à cela que se réduit à présent l'inégalité générale

$$\frac{d}{d\rho}\frac{(\rho+1)(\rho+q)}{\mathbf{E}^2} > 0$$

établie dans la première Partie (n° 43).

Il vient donc

$$\frac{\rho N_1}{N_2} > \rho+h$$

et, par suite,

$$\frac{d}{d\rho}\frac{\rho \mathsf{EF}}{\Delta} < 0.$$

Donc, à plus forte raison,

$$\frac{d}{d\rho}\frac{\mathsf{EFE}_{(1)}}{\Delta} < 0.$$

Cela posé, et tenant compte de ce que

$$\sigma_1 < 0, \qquad \varepsilon_1 > 0,$$

nous pouvons conclure que e_1 et f_1 seront tous les deux négatifs quand $T_{(1)}$ est positif.

Or c'est précisément ce qui se présente pour la plus petite racine de l'équation (13), car $T_{2,0}$ est positif (**I**, n° 38). Donc la valeur de

$$\frac{e_1 f_1}{T_{(1)}}$$

correspondant à cette racine sera positive.

Quant au cas de la plus grande racine, pour laquelle $T_{(1)}$ est négatif, puisqu'on a $T_{2,4} < 0$, les considérations précédentes n'apprennent rien sur les signes de e_1 et f_1.

Passons aux réductions.

80. Nous allons considérer, au lieu de e_1 et f_1, les quantités

$$(29)\qquad \begin{cases} u_1 = \frac{1}{7}\rho(\rho+q)D\frac{\gamma_1}{\gamma}e_1, \\[2mm] v_1 = \frac{1}{5}\rho(\rho+q)D\frac{\gamma_1}{\gamma}\frac{5h-1-2q}{\rho+h}f_1, \end{cases}$$

et nous poserons

$$(30)\qquad \frac{DT_{(1)}}{\Delta} = t_1,$$

en sorte que, d'après (17), nous aurons

$$(31)\qquad t_1 = \frac{h-k}{k}(3hk - \rho^2).$$

Considérons d'abord u_1.

En posant

$$-\frac{\gamma_1}{\gamma}\sigma_1 = \omega_1$$

et en remarquant que

$$\rho(\rho+q)\frac{\mathsf{E}^2}{\Delta^2} = (\rho+h)^2,$$

$$\frac{1}{7}\rho(\rho+q)D\frac{d}{d\rho}\frac{\mathsf{EFE}_{(1)}}{\Delta} = (\rho+h)N_2-(\rho+k)N_1,$$

nous obtenons, d'après la première des formules (18),

$$u_1 = \omega_1\Big[(\rho+h)N_2-(\rho+k)N_1-\frac{5}{2}(\rho+h)^2t_1\Big], \tag{32}$$

et nous avons ainsi une expression pour u_1 qui ne contient que des quantités connues; car N_1 et N_2 sont donnés par les formules du n° 76, t_1 est donné par la formule (31) et, pour ce qui concerne ω_1, on a d'après (27)

$$\omega_1 = \frac{k(k-q)}{(k-h)(5h-1-2q)}, \tag{33}$$

ce qu'on peut encore écrire comme il suit:

$$\omega_1 = \frac{5hk-q}{2h(5h-1-2q)}, \tag{34}$$

puisque, d'après les équations qui définissent h et k, il vient

$$\frac{k-q}{k-h} = \frac{5hk-q}{2hk}. \tag{35}$$

Toutefois la formule (32) peut être transformée en une formule plus commode pour les calculs numériques.

On se servira, pour cela, de l'égalité

$$(\rho+h)N_2-(\rho+k)N_1+\frac{(\rho+k)^2}{1-\omega_1}N_3+\frac{5}{2}\frac{\omega_1(\rho+h)^2}{1-\omega_1}t_1 = 0, \tag{36}$$

qu'il est facile de vérifier en remplaçant N_1, N_2, N_3, t_1, ω_1 par leurs valeurs.

En effet, comme la formule (34) donne

$$1-\omega_1=\frac{10h^2-2(1+2q)h+q-5hk}{2h(5h-1-2q)}=\frac{5(h-k)}{2(5h-1-2q)},$$

d'où l'on déduit d'après (33)

$$\frac{\omega_1}{1-\omega_1}=\frac{2k(q-k)}{5(h-k)^2},$$

et comme, d'autre part, on peut écrire

$$N_1=3h(\rho+h)^2-(h-q)(3h^2-\rho^2),$$

l'égalité (36) est équivalente à

$$\begin{aligned}\rho(\rho+q)(\rho+h)(\rho+3h)&-3h(\rho+k)(\rho+h)^2\\+(h-q)(\rho+k)(3h^2-\rho^2)&+\frac{h-q}{h-k}(\rho+k)^2(3h^2-\rho^2)\\&+\frac{q-k}{h-k}(\rho+h)^2(3hk-\rho^2)=0,\end{aligned}$$

ce qui est une identité.

En tenant compte de cette égalité, on arrive tout de suite à ces deux formules:

$$u_1=(\rho+h)N_2-(\rho+k)N_1+(\rho+k)^2N_3,$$

$$u_1=-\frac{\omega_1}{1-\omega_1}\left[(\rho+k)^2N_3+\frac{5}{2}(\rho+h)^2t_1\right],$$

dont la première donne la plus simple expression pour le calcul de u_1, si les nombres N_1, N_2, N_3, qu'il faut connaître pour évaluer S, sont déjà calculés. Quant à la seconde formule, qui se réduit à

$$u_1=-\frac{k(q-k)(h-q)}{(h-k)^2(5h-1-2q)}(\rho+k)^2(3h^2-\rho^2)-\frac{q-k}{h-k}(\rho+h)^2(3hk-\rho^2),$$

elle donne la plus simple expression algébrique de u_1.

Passons à la recherche de v_1.

81. D'après la seconde des formules (18), on a

$$\frac{v_1}{(5h-1-2q)\omega_1(\rho+h)} = \frac{D}{5}\frac{\Delta^2}{\mathbf{E}^2}\frac{d}{d\rho}\frac{\mathbf{E}^2\mathbf{F}_{(1)}}{\Delta} + \frac{7\varepsilon_1}{2\sigma_1}t_1. \tag{37}$$

On trouve ensuite

$$\begin{aligned}\frac{d}{d\rho}\frac{\mathbf{E}^2\mathbf{F}_{(1)}}{\Delta} &= \frac{\mathbf{F}_{(1)}}{\mathbf{E}_{(1)}}\frac{d}{d\rho}\frac{\mathbf{E}^2\mathbf{E}_{(1)}}{\Delta} + \frac{\mathbf{E}^2\mathbf{E}_{(1)}}{\Delta}\frac{d}{d\rho}\frac{\mathbf{F}_{(1)}}{\mathbf{E}_{(1)}} \\ &= \frac{\mathbf{F}_{(1)}}{\mathbf{E}_{(1)}}\frac{d}{d\rho}\frac{\mathbf{E}^2\mathbf{E}_{(1)}}{\Delta} - \frac{5}{2}\frac{\mathbf{E}^2}{\mathbf{E}_{(1)}\Delta^2},\end{aligned}$$

d'où l'on déduit, en tenant compte de la formule (16) et en remplaçant $\mathbf{E}_{(1)}$ par sa valeur,

$$\frac{D}{5}\frac{\Delta^2}{\mathbf{E}^2}\frac{d}{d\rho}\frac{\mathbf{E}^2\mathbf{F}_{(1)}}{\Delta} = \frac{h}{k}\frac{\rho+3k}{\rho+k}\frac{\Delta^3}{\mathbf{E}^2}\frac{d}{d\rho}\frac{(\rho+k)\mathbf{E}^2}{\Delta} - \frac{D}{2(\rho+k)}.$$

Or on peut écrire

$$\frac{d}{d\rho}\frac{(\rho+k)\mathbf{E}^2}{\Delta} = \frac{\mathbf{E}^2}{\Delta} + \left(\frac{d}{d\rho}\log\frac{\mathbf{E}^2}{\Delta^2} + \frac{d\log\Delta}{d\rho}\right)\frac{(\rho+k)\mathbf{E}^2}{\Delta}.$$

On a donc

$$\frac{D}{5}\frac{\Delta^2}{\mathbf{E}^2}\frac{d}{d\rho}\frac{\mathbf{E}^2\mathbf{F}_{(1)}}{\Delta} = \frac{h}{k}(\rho+3k)\Delta^2\frac{d\log\frac{\mathbf{E}^2}{\Delta^2}}{d\rho} + \frac{h}{2k}(\rho+3k)\frac{d\Delta^2}{d\rho} + \frac{h}{k}\frac{\rho+3k}{\rho+k}\Delta^2 - \frac{D}{2(\rho+k)}.$$

Substituons mantenant la valeur de D, qui est (n° 74)

$$D = 4h\Delta^2 + (\rho+h)(\rho+3h)[3\rho^2+2(1+q)\rho+q],$$

et désignons par $\bar{k}$ la racine de l'équation (13) autre que celle qu'on entend par k. Comme

$$3\rho^2 + 2(1+q)\rho + q = 3(\rho+k)(\rho+\bar{k}),$$

nous aurons

$$\frac{h}{k}\frac{\rho+3k}{\rho+k}\Delta^2 - \frac{D}{2(\rho+k)} = \frac{h}{k}\Delta^2 - \frac{3}{2}(\rho+h)(\rho+3h)(\rho+\bar{k}).$$

Par suite, en remarquant que

$$\frac{d\Delta^2}{d\rho} = 3(\rho+k)(\rho+\bar{k}),$$

$$\frac{h}{k}(\rho+k)(\rho+3k) - (\rho+h)(\rho+3h) = \frac{h-k}{k}(\rho^2-3hk),$$

$$\frac{d\log\frac{\mathbf{E}^2}{\Delta^2}}{d\rho} = -\frac{(2h-q)\rho+qh}{\rho(\rho+q)(\rho+h)},$$

nous obtenons

$$\frac{D}{5}\frac{\Delta^2}{\mathbf{E}^2}\frac{d}{d\rho}\frac{\mathbf{E}^2\mathbf{F}_{(1)}}{\Delta} = -\frac{h}{k}(\rho+1)(\rho+3k)\frac{(2h-q)\rho+qh}{\rho+h}$$

$$+\frac{h}{k}\Delta^2 - \frac{3}{2}\frac{h-k}{k}(\rho+\bar{k})(3hk-\rho^2),$$

ce qui peut être mis sous la forme

$$\frac{D}{5}\frac{\Delta^2}{\mathbf{E}^2}\frac{d}{d\rho}\frac{\mathbf{E}^2\mathbf{F}_{(1)}}{\Delta} = \frac{h}{k}(\rho+1)\left[\frac{2(h-q)}{\rho+h}-1\right](3hk-\rho^2) - 3h(h-q)(\rho+1)$$

$$-\frac{3}{2}\frac{h-k}{k}(\rho+\bar{k})(3hk-\rho^2).$$

Cela posé, et en nous reportant à la formule (37), nous aurons, en remplaçant t_1 par sa valeur (31),

$$\frac{v_1}{(5h-1-2q)\,\omega_1(\rho+h)} = \frac{3hk-\rho^2}{k}\Phi - 3h(h-q)(\rho+1),$$

où

$$\Phi = 2h(h-q)\frac{\rho+1}{\rho+h} - h(\rho+1) - (h-k)\left(\frac{3}{2}\rho+\frac{3}{2}\bar{k}-\frac{7\varepsilon_1}{2\sigma_1}\right)$$

$$= 2h(h-q)\frac{\rho+1}{\rho+h} - \frac{5h-3k}{2}(\rho+1) - (h-k)\left(\frac{3}{2}\bar{k}-\frac{3}{2}-\frac{7\varepsilon_1}{2\sigma_1}\right).$$

Or, d'après (23), il vient

$$\frac{3}{2}\bar{k} - \frac{3}{2} - \frac{7\varepsilon_1}{2\sigma_1} = 7h - 1 - 3q + \frac{3}{2}(\bar{k}-k) = 7h - 2q - 3k.$$

D'autre part, les équations qui définissent h et k donnent

$$5h^2 - 2(1+2q)h = 3k^2 - 2(1+q)k,$$

ce qu'on peut écrire comme il suit:

$$2h(h-q) - (h-k)(7h-2q-3k) = -2(h-k)(5h-1-2q).$$

On a donc

$$\Phi = 2h(h-q)\frac{1-h}{\rho+h} - \frac{5h-3k}{2}(\rho+1) - 2(h-k)(5h-1-2q),$$

et de là, en remarquant que, d'après (33) et (34),

$$(h-k)(5h-1-2q)\,\omega_1 = k(q-k),$$

$$(5h-3k)(5h-1-2q)\,\omega_1 = \frac{k}{2h}(5h-3k)(5h-3\bar{k}) = k(5h-2+q),$$

on déduit

$$(5h-1-2q)\,\frac{\omega_1}{k}\,\Phi = (h-q)(5h-3\bar{k})\frac{1-h}{\rho+h} - \frac{1}{2}(5h-2+q)(\rho+1)$$
$$- 2(5h-1-2q)(q-k).$$

De cette façon, en posant

$$\frac{\omega_1}{k}(5h-1-2q)(\rho+h)\Phi = \varphi_1,$$

on trouve

$$v_1 = (3hk-\rho^2)\varphi_1 - \frac{3}{2}(h-q)(5hk-q)(\rho+1)(\rho+h),$$

où

$$\varphi_1 = (1-h)(h-q)(5h-3\bar{k}) - 2(5h-1-2q)(q-k)(\rho+h)$$
$$- \frac{1}{2}(5h-2+q)(\rho+1)(\rho+h).$$

82. Nous avons à présent tout ce qui est nécessaire pour pouvoir exprimer le second terme de la formule (1),

$$\frac{\Delta}{35\gamma E^2} S \frac{\gamma_1 e_1 f_1}{T_{(1)}},$$

à l'aide des quantités qu'on pourra calculer immédiatement. Voyons donc ce que deviendra alors ce terme.

D'après les formules (29) et (30), on a

$$\frac{\Delta}{35\gamma} \frac{\gamma_1 e_1 f_1}{T_{(1)}} = \frac{\rho + h}{\rho^2(\rho+q)^2 D} \frac{\gamma}{(5h-1-2q)\gamma_1} \frac{u_1 v_1}{t_1},$$

et les formules (25) et (26) donnent

$$\frac{\gamma}{(5h-1-2q)\gamma_1} = \frac{(1-q)h(1-h)(h-q)}{7k(1-k)(k-q)(3k-1-q)}.$$

On a d'ailleurs, d'après (35),

$$h(h-q) = \frac{1}{2k}(h-k)(q-3hk) = \frac{3}{2}(h-k)(\overline{k}-h).$$

Par suite, en posant pour abréger

$$\frac{\overline{k}-h}{2(1-k)(k-q)\left(k-\frac{1+q}{3}\right)} = \Omega_1$$

et en remplaçant t_1 par sa valeur, on trouve

$$\frac{\gamma}{(5h-1-2q)\gamma_1} \frac{u_1 v_1}{t_1} = \frac{1}{7}(1-q)(1-h)\Omega_1 \frac{u_1 v_1}{3hk-\rho^2};$$

et de cette façon il vient

$$\frac{\Delta}{35\gamma E^2} S \frac{\gamma_1 e_1 f_1}{T_{(1)}} = \frac{(1-q)(1-h)}{7\rho(\rho+q)(\rho+h)\Delta^2 D} S\, \Omega_1 \frac{u_1 v_1}{3hk-\rho^2},$$

où la somme s'étend aux racines de l'équation (13), en sorte que, si l'on désigne ces racines par k' et par k'' et les valeurs de Ω_1, u_1, v_1,

$$\text{pour}\quad k = k',\quad \overline{k} = k'',\qquad \text{par}\quad \Omega_1',\quad u_1',\quad v_1',$$

$$\text{pour}\quad k = k'',\quad \overline{k} = k',\qquad \text{par}\quad \Omega_1'',\quad u_1'',\quad v_1'',$$

on aura

$$\mathbf{S}\,\Omega_1 \frac{u_1 v_1}{3hk-\rho^2} = \Omega_1' \frac{u_1' v_1'}{3hk'-\rho^2} + \Omega_1'' \frac{u_1'' v_1''}{3hk''-\rho^2}.$$

Nous avons ainsi, pour le second terme de la formule (1), une expression rationnelle en ρ, q, h, k', k'', et, comme cette expression est symétrique par rapport à k' et k'', on pourra la transformer en une expression rationnelle, ne dépendant que de ρ, q, h. Mais nous ne ferons pas cette réduction, qui ne conduit pas à un résultat simple.

Venons à la recherche du troisième terme de la formule (1).

83. Commençons par la recherche d'une expression algébrique pour

$$T_{(2)} = R - \frac{1}{9}\mathsf{E}_{(2)}\mathsf{F}_{(2)}.$$

Nous avons vu au nº 23 qu'en vertu de l'équation $T_{2,3} = 0$ il vient

$$\frac{T_{(2)}}{\Delta} = \frac{L}{\rho}\frac{R}{\Delta} - K,$$

K et L étant certaines fonctions algébriques de ρ et q, et, pour ces fonctions, nous pouvons écrire tout de suite les expressions, en nous reportant au nº 30, où la fonction désignée par E n'est autre chose que

$$\mathsf{E}_{(2)} = \rho^2 + s\rho + r.$$

Nous aurons ainsi, d'après ce numéro,

$$K = \frac{(s\mathsf{E}_{(2)} + 2r\mathsf{E}'_{(2)})\mathsf{E}_{(2)}}{4r(s^2-4r)\Delta^2} = \frac{[s\rho^2 + (s^2+4r)\rho + 3sr](\rho^2 + s\rho + r)}{4r(s^2-4r)\Delta^2},$$

$$\frac{L}{\rho} = 1 + \left[\frac{3s}{\rho} + \frac{20r - (1+q)s}{(\rho+1)(\rho+q)}\right]\frac{(\rho^2+s\rho+r)^2}{4r(s^2-4r)},$$

et, d'après (15), on a

$$\frac{R}{\Delta} = \frac{(\rho+h)(\rho+3h)}{D}.$$

De là on déduit pour $T_{(2)}$ l'expression requise.

Or cette expression est susceptible d'une grande simplification, ce que nous allons montrer à l'instant.

Soit, pour abréger,

$$\left[\frac{3s}{\rho} + \frac{20r - (1+q)s}{(\rho+1)(\rho+q)}\right](\rho^2 + s\rho + r) = f(\rho),$$

$$[s\rho^2 + (s^2+4r)\rho + 3sr]\left(\frac{1}{\rho} + \frac{1}{\rho+1} + \frac{1}{\rho+q}\right) = \varphi(\rho).$$

Alors, en tenant compte de ce que

$$\frac{D}{\Delta^2} = 4h + (\rho+h)(\rho+3h)\left(\frac{1}{\rho} + \frac{1}{\rho+1} + \frac{1}{\rho+q}\right),$$

nous aurons

$$DK = \frac{\rho^2+s\rho+r}{4r(s^2-4r)}\left\{4h[s\rho^2+(s^2+4r)\rho+3sr] + (\rho+h)(\rho+3h)\varphi(\rho)\right\},$$

$$\frac{L}{\rho} = 1 + \frac{\rho^2+s\rho+r}{4r(s^2-4r)} f(\rho),$$

et ensuite,

$$\frac{DT_{(2)}}{\Delta} = \quad (\rho+h)(\rho+3h) - h[s\rho^2+(s^2+4r)\rho+3sr]\frac{\rho^2+s\rho+r}{r(s^2-4r)}$$
$$+ (\rho+h)(\rho+3h)[f(\rho)-\varphi(\rho)]\frac{\rho^2+s\rho+r}{4r(s^2-4r)}.$$

Or, en décomposant les fonctions rationnelles de ρ, $f(\rho)$ et $\varphi(\rho)$, en des parties entières et en fractions simples, on trouve

$$f(\rho) = 3s\rho + 3s^2 + 20r - (1+q)s + \frac{3sr}{\rho}$$
$$+ \frac{20r-(1+q)s}{1-q}\left(\frac{q^2-qs+r}{\rho+q} - \frac{1-s+r}{\rho+1}\right),$$

$$\varphi(\rho) = 3s\rho + 3s^2 + 12r - (1+q)s + \frac{3sr}{\rho}$$
$$+ \frac{s(1-s+r)-2r(2-s)}{\rho+1} + \frac{s(q^2-qs+r)+2r(s-2q)}{\rho+q}.$$

On a donc

$$f(\rho)-\varphi(\rho)=8r+\frac{c_1}{\rho+1}+\frac{c_2}{\rho+q},$$

où

$$c_1=-\frac{1-s+r}{1-q}\left[20r-(1+q)s\right]+2r(2-s)-s(1-s+r),$$

$$c_2=\frac{q^2-qs+r}{1-q}\left[20r-(1+q)s\right]-2r(s-2q)-s(q^2-qs+r),$$

et ces deux expressions, d'après ce que nous avons vu au n° 30, se réduisent à zéro.

De cette façon il vient

$$f(\rho)-\varphi(\rho)=8r$$

et, par suite,

$$\frac{DT_{(2)}}{\Delta}=(\rho+h)(\rho+3h)\left[1+2\frac{\rho^2+s\rho+r}{s^2-4r}\right]-\frac{h}{r}\left[s\rho^2+(s^2+4r)\rho+3sr\right]\frac{\rho^2+s\rho+r}{s^2-4r}.$$

D'ailleurs, comme on a

$$\frac{D}{9}\frac{\mathsf{F}_{(2)}}{\Delta}=\frac{D(R-T_{(2)})}{\mathsf{E}_{(2)}\Delta},$$

on trouve

$$\frac{D}{9}\frac{\mathsf{F}_{(2)}}{\Delta}=\frac{h}{r}\frac{s\rho^2+(s^2+4r)\rho+3sr}{s^2-4r}-\frac{2(\rho+h)(\rho+3h)}{s^2-4r}. \tag{38}$$

84. Passons à la recherche de e_2 et de f_2.

D'après l'expression de Π_i donnée au n° 67, on a

$$\Pi_2=\varepsilon_2\,\mathbf{E}\,(\rho^2+s\rho+r)\frac{\mathsf{EF}}{\Delta}+\sigma_2\,\mathbf{E}\,\frac{\mathsf{E}^2\mathsf{F}_{(2)}}{\Delta}=\varepsilon_2,$$

puisque le développement de la fonction

$$\frac{\mathsf{E}^2\mathsf{F}_{(2)}}{\Delta}=\frac{(\rho+1)(\rho+h)^2}{\rho^2+s\rho+r}\frac{\mathsf{E}_{(2)}\mathsf{F}_{(2)}}{\Delta}$$

suivant les puissances décroissantes de ρ ne renferme que des puissances négatives.

Par suite, les formules du numéro cité donnent

$$(39)\quad \begin{cases} e_2 = -\varepsilon_2 \dfrac{d}{d\rho} \dfrac{\mathsf{EFE}_{(2)}}{\Delta} + \dfrac{63}{2}\sigma_2 \dfrac{\mathsf{E}^2}{\Delta^2}\dfrac{T_{(2)}}{\Delta}, \\ f_2 = -\varepsilon_2 \dfrac{d}{d\rho} \dfrac{\mathsf{E}^2\mathsf{F}_{(2)}}{\Delta} - \dfrac{63}{2}\varepsilon_2 \dfrac{\mathsf{E}^2}{\Delta^2}\dfrac{T_{(2)}}{\Delta}, \end{cases}$$

où

$$(40)\quad \begin{cases} \dfrac{63}{2\pi}\varepsilon_2 = \dfrac{8(\beta_2\tilde{\alpha}_2 - \alpha_2\tilde{\beta}_2)}{q\gamma_2^2 G_2}, \\ \dfrac{63}{2\pi}\sigma_2 = \dfrac{8(\alpha\tilde{\beta}_2 - \beta\tilde{\alpha}_2)}{q\gamma\gamma_2 G_2}, \end{cases}$$

en faisant

$$g\mathfrak{g}_2 - \mathfrak{g}g_2 = G_2.$$

Occupons-nous donc d'abord de la recherche des constantes G_2, ε_2, σ_2, γ_2. D'après le n° 30, nous avons

$$\mathfrak{g}_2 = \frac{3s}{4qr(s^2-4r)}, \qquad g_2 = \frac{20r-(1+q)s}{4q(1-q)^2r(s^2-4r)}.$$

Par suite, comme on a (n° 78)

$$\mathfrak{g} = \frac{3}{4qh(1-h)}, \qquad g = \frac{3h-q}{4q(1-q)h(1-h)(h-q)},$$

il vient

$$G_2 = \mathfrak{g}\mathfrak{g}_2\left[\frac{3h-q}{3(1-q)(h-q)} - \frac{20r-(1+q)s}{3s(1-q)^2}\right].$$

Or l'équation à laquelle satisfait h donne

$$\frac{3h-q}{h-q} = \frac{10h-1-q}{1-q}.$$

Donc l'expression qui se trouve en crochets, en la multipliant par $3(1-q)^2$, devient

$$10h - 20\frac{r}{s},$$

et nous obtenons ainsi

$$G_2 = \frac{10 g g_2}{3(1-q)^2}\left(h - 2\frac{r}{s}\right) = \frac{15(hs-2r)}{8q^2(1-q)^2 h(1-h) r(s^2-4r)}.$$

Nous remarquons ensuite que

$$8(\beta_2\tilde{\alpha}_2 - \alpha_2\tilde{\beta}_2) = \int V_2 E_{(2)}(\mu) E_{(2)}(\nu)\, d\sigma,$$

où $E_{(2)}(\mu) = \mu^4 - s\mu^2 + r$, $E_{(2)}(\nu) = \nu^4 - s\nu^2 + r$, et où

$$V_2 = \frac{(1-\mu^2)(h-\mu^2)^2(\nu^4 - s\nu^2 + r) - (1-\nu^2)(h-\nu^2)^2(\mu^4 - s\mu^2 + r)}{\nu^2 - \mu^2}$$

$$= (\mu^4 - s\mu^2 + r)(\nu^4 - s\nu^2 + r) + C(\mu^2\nu^2 - r) + C'(\mu^2 + \nu^2 - s),$$

C et C' étant des constantes.

Par suite,

$$8(\beta_2\tilde{\alpha}_2 - \alpha_2\tilde{\beta}_2) = \int [E_{(2)}(\mu)E_{(2)}(\nu)]^2 d\sigma = \gamma_2.$$

D'autre part, comme on a

$$\frac{E_{(2)}(\nu) - E_{(2)}(\mu)}{\nu^2 - \mu^2} = \mu^2 + \nu^2 - s,$$

il vient

$$8(\alpha\tilde{\beta}_2 - \beta\tilde{\alpha}_2) = \int (\mu^2 + \nu^2 - s)[E(\mu)E(\nu)]^2 d\sigma = (l-s)\gamma,$$

l étant la constante considérée au n°s 71 et 75.

D'après cela, les formules (40) donnent

$$\varepsilon_2' = \frac{2\pi}{63 q \gamma_2 G_2}, \qquad \sigma_2 = \frac{2\pi(l-s)}{63 q \gamma_2 G_2},$$

d'où l'on tire

(41) $$\frac{\sigma_2}{\varepsilon_2} = l - s.$$

D'ailleurs, en remarquant que, d'après (26),

$$\frac{7}{2\pi} q\gamma G_2 = \frac{(h-q)(5h-1-2q)(hs-2r)}{q(1-q)r(s^2-4r)},$$

on trouve

$$\frac{\gamma_2}{\gamma}\varepsilon_2 = \frac{q(1-q)r(s^2-4r)}{9(h-q)(5h-1-2q)(hs-2r)}. \tag{42}$$

Il ne reste donc qu'à calculer γ_2.

85. En se servant de diverses méthodes de calcul, on peut obtenir pour γ_2 plusieurs expressions différentes. Nous nous arrêterons ici à celle qu'on déduit de la formule

$$g_i = \frac{4(b_1\alpha_i - a_1\beta_i)}{(4i+1)q\gamma_i},$$

qui nous a servi à déterminer γ_1 (n° 78). Nous partirons donc de la formule

$$9\gamma_2 = \frac{4}{qg_2}(b_1\alpha_2 - a_1\beta_2),$$

où

$$\alpha_2 = \int_0^{\sqrt{q}} (\mu^4 - s\mu^2 + r)^2 \frac{d\mu}{\mathbf{M}}, \qquad \beta_2 = \int_{\sqrt{q}}^1 (\nu^4 - s\nu^2 + r)^2 \frac{d\nu}{\mathbf{N}}.$$

Pour calculer l'intégrale que représente l'expression $b_1\alpha_2 - a_1\beta_2$, nous emploierons la seconde des deux méthodes indiquées au n° 38.

Avec les notations du n° 19, on a

$$\alpha_2 = a_4 - 2sa_3 + (s^2+2r)a_2 - 2sra_1 + r^2a_0,$$

$$\beta_2 = b_4 - 2sb_3 + (s^2+2r)b_2 - 2srb_1 + r^2b_0.$$

Par suite, en posant, comme au n° 38,

$$a_ib_j - a_jb_i = \omega_{i,j},$$

nous aurons

$$b_1\alpha_2 - a_1\beta_2 = \omega_{4,1} - 2s\omega_{3,1} + (s^2+2r)\omega_{2,1} + \frac{\pi}{2}r^2,$$

puisque

$$\omega_{0,1} = \frac{\pi}{2}.$$

Or les $\omega_{i,1}$ sont liés par des relations de la forme

$$(2i+3)\,\omega_{i+2,1} - (2i+2)(1+q)\,\omega_{i+1,1} + (2i+1)\,q\,\omega_{i,1} = 0,$$

d'où l'on tire

$$\begin{aligned} 3\,\omega_{2,1} &= 2(1+q)\,\omega_{1,1} - q\,\omega_{0,1} = -\frac{\pi}{2}\,q, \\ 5\,\omega_{3,1} &= 4(1+q)\,\omega_{2,1} - 3q\,\omega_{1,1} = -\frac{2\pi}{3}\,q(1+q), \\ 7\,\omega_{4,1} &= 6(1+q)\,\omega_{3,1} - 5q\,\omega_{2,1} = -\frac{4\pi}{5}\,q(1+q)^2 + \frac{5\pi}{6}\,q^2. \end{aligned}$$

On a donc

$$\frac{2}{\pi}(b_1\alpha_2 - a_1\beta_2) = r^2 - \frac{1}{3}\,q(s^2+2r) + \frac{8}{15}\,q(1+q)s - \frac{8}{35}\,q(1+q)^2 + \frac{5}{21}\,q^2.$$

Maintenant reportons-nous aux équations par lesquelles sont liés s et r (n° 28), lesquelles équations peuvent être écrites comme il suit:

$$\begin{aligned} 7sr &= 8(1+q)r - qs, \\ 10r &= 6q - 6(1+q)s + 7s^2. \end{aligned}$$

A l'aide de ces équations on peut exprimer linéairement par rapport à r et à s toute fonction rationnelle de ces deux quantités.

En exprimant de cette manière s^2 et r^2, on arrive à l'égalité suivante:

$$105\left(r^2 - \frac{1}{3}\,qs^2\right) = 24(1+q)^2 r - 2qr - 42q(1+q)s + 39q^2.$$

Il vient donc

$$\begin{aligned} \frac{105}{\pi}(b_1\alpha_2 - a_1\beta_2) &= 12(1+q)^2(r-q) - 36qr + 32q^2 + 7q(1+q)s \\ &= 12(1-q+q^2)(r-q) + 7q(1+q)s - 4q^2. \end{aligned}$$

D'après cela, en tenant compte de l'expression de g_2 signalée au numéro précédent, on trouve

$$(43)\qquad 9\gamma_2 = \frac{16\pi}{105}\,\frac{(1-q)^2 r(s^2-4r)[12(1-q+q^2)(r-q)+7q(1+q)s-4q^2]}{20r-(1+q)s}.$$

86. Revenons maintenant aux formules (39) et cherchons à les mettre sous une forme plus ou moins commode pour les calculs numériques.

Nous avons

$$\frac{d}{d\rho}\frac{\mathsf{EFE}_{(2)}}{\Delta} = (\rho^2+s\rho+r)\frac{d}{d\rho}\frac{\mathsf{EF}}{\Delta} + (2\rho+s)\frac{\mathsf{EF}}{\Delta},$$

ou bien, avec les notations du n° 76,

$$\frac{d}{d\rho}\frac{\mathsf{EFE}_{(2)}}{\Delta} = \frac{7}{\rho(\rho+q)D}\big[(2\rho+s)(\rho+h)N_2-(\rho^2+s\rho+r)N_1\big].$$

Par suite, en posant

$$\frac{DT_{(2)}}{\Delta} = t_2,$$

et tenant compte de la formule (41), nous obtenons

$$\frac{1}{7}\rho(\rho+q)D\frac{e_2}{\varepsilon_2} = (\rho^2+s\rho+r)N_1-(2\rho+s)(\rho+h)N_2+\frac{9}{2}(l-s)(\rho+h)^2 t_2,$$

et c'est à cette expression que nous nous arrêterons pour ce qui concerne e_2.

Passons donc à la recherche de f_2.

On a

$$\frac{D}{9}\frac{\Delta^2}{\mathsf{E}^2}\frac{f_2}{\varepsilon_2} = -\frac{D}{9}\frac{\Delta^2}{\mathsf{E}^2}\frac{d}{d\rho}\frac{\mathsf{E}^2\mathsf{F}_{(2)}}{\Delta} - \frac{7}{2}t_2$$

et, d'autre part,

$$\frac{d}{d\rho}\frac{\mathsf{E}^2\mathsf{F}_{(2)}}{\Delta} = \frac{\mathsf{F}_{(2)}}{\mathsf{E}_{(2)}}\frac{d}{d\rho}\frac{\mathsf{E}^2\mathsf{E}_{(2)}}{\Delta} - \frac{9}{2}\frac{\mathsf{E}^2}{\mathsf{E}_{(2)}\Delta^2}.$$

Or, si nous posons

$$(44)\qquad h[s\rho^2+(s^2+4r)\rho+3sr]-2r(\rho+h)(\rho+3h) = \Theta,$$

nous aurons d'après (38)

$$\frac{D}{9}\frac{\mathbf{F}_{(2)}}{\Delta} = \frac{\Theta}{r(s^2-4r)}.$$

Par suite, il vient

$$\frac{D}{9}\frac{\Delta^2}{\mathbf{E}^2}\frac{d}{d\rho}\frac{\mathbf{E}^2\mathbf{F}_{(2)}}{\Delta} = \frac{\Theta}{r(s^2-4r)\mathbf{E}_{(2)}}\frac{\Delta^3}{\mathbf{E}^2}\frac{d}{d\rho}\frac{\mathbf{E}^2\mathbf{E}_{(2)}}{\Delta} - \frac{D}{2\mathbf{E}_{(2)}}$$

$$= \frac{(2\rho+s)\Theta\Delta^2}{r(s^2-4r)\mathbf{E}_{(2)}} - \frac{D}{2\mathbf{E}_{(2)}} + \frac{\Theta\Delta^2}{r(s^2-4r)}\frac{d}{d\rho}\log\frac{\mathbf{E}^2}{\Delta},$$

et cela, en tenant compte de ce que

$$\Theta = hs\mathbf{E}_{(2)} + 2hr(2\rho+s) - 2r(\rho+h)(\rho+3h),$$

$$\frac{D}{\Delta^2} = 4h + (\rho+h)(\rho+3h)\left(\frac{1}{\rho}+\frac{1}{\rho+1}+\frac{1}{\rho+q}\right),$$

se met sous la forme

$$\frac{D}{9}\frac{\Delta^2}{\mathbf{E}^2}\frac{d}{d\rho}\frac{\mathbf{E}^2\mathbf{F}_{(2)}}{\Delta} = \frac{hs(2\rho+s)\Delta^2}{r(s^2-4r)} + \frac{8h\Delta^2}{s^2-4r} + \frac{\Theta\Delta^2}{r(s^2-4r)}\frac{d}{d\rho}\log\frac{\mathbf{E}^2}{\Delta}$$

$$-\frac{1}{2}\Delta^2(\rho+h)(\rho+3h)Z,$$

où

$$Z = \frac{4}{s^2-4r}\frac{\mathbf{E}'_{(2)}}{\mathbf{E}_{(2)}} + \left(\frac{1}{\rho}+\frac{1}{\rho+1}+\frac{1}{\rho+q}\right)\frac{1}{\mathbf{E}_{(2)}}. \tag{45}$$

Or, en décomposant Z, qui est une fonction rationnelle de ρ, en des fractions simples, on trouve

$$Z = \frac{1}{r}\frac{1}{\rho} + \frac{1}{1-s+r}\frac{1}{\rho+1} + \frac{1}{q^2-qs+r}\frac{1}{\rho+q},$$

puisque les termes dépendant des racines $-h_1$ et $-h_2$ de l'équation $\mathbf{E}_{(2)}=0$ disparaissent. En effet, ces termes, dont l'ensemble sera de la forme

$$\frac{c_1}{\rho+h_1} + \frac{c_2}{\rho+h_2},$$

auront pour coefficients

$$c_1 = \frac{4}{s^2-4r} - \frac{1}{h_2-h_1}\left(\frac{1}{h_1} + \frac{1}{h_1-1} + \frac{1}{h_1-q}\right),$$

$$c_2 = \frac{4}{s^2-4r} - \frac{1}{h_1-h_2}\left(\frac{1}{h_2} + \frac{1}{h_2-1} + \frac{1}{h_2-q}\right),$$

et ces expressions, où $s^2-4r=(h_2-h_1)^2$, sont nulles en vertu des équations (16) du n° 28.

Nous aurons donc

$$\Delta^2 Z = C_0\rho^2 + C_1\rho + \frac{q}{r},$$

C_0 et C_1 étant des constantes, dont les plus simples expressions s'obtiennent en développant la formule (45) suivant les puissances décroissantes de ρ. Comme on a alors

$$Z = \frac{8}{s^2-4r}\frac{1}{\rho} - \frac{4s}{s^2-4r}\frac{1}{\rho^2} + \ldots$$

et, par suite,

$$\Delta^2 Z = \frac{8}{s^2-4r}\rho^2 + \frac{8(1+q)-4s}{s^2-4r}\rho + \ldots,$$

on trouve

$$C_0 = \frac{8}{s^2-4r}, \qquad C_1 = \frac{8(1+q)-4s}{s^2-4r},$$

et de cette manière il vient

$$(s^2-4r)\Delta^2 Z = 8\rho^2 + [8(1+q)-4s]\rho + \frac{q}{r}(s^2-4r).$$

Cela posé, nous aurons

$$\frac{r(s^2-4r)D}{9}\frac{\Delta^2}{\mathsf{E}^2}\frac{f_2}{\varepsilon_2} = -h(2s\rho+s^2+8r)\Delta^2 - \Theta\Delta^2\frac{d}{d\rho}\log\frac{\mathsf{E}^2}{\Delta} - \frac{7}{2}r(s^2-4r)t_2$$

$$+\frac{1}{2}r(\rho+h)(\rho+3h)\left\{8\rho^2+[8(1+q)-4s]\rho+\frac{q}{r}(s^2-4r)\right\}.$$

Maintenant remplaçons t_2 par son expression

$$t_2 = \frac{DR}{\Delta} - \frac{D}{9}\frac{\mathsf{E}_{(2)}\mathsf{F}_{(2)}}{\Delta} = (\rho+h)(\rho+3h) - \frac{\rho^2+s\rho+r}{r(s^2-4r)}\Theta$$

et tenons compte des équations (17) et (18) du nº 28, qui donnent

$$\frac{qs}{r} = 8(1+q) - 7s, \qquad 7s^2 = 10r + 6(1+q)s - 6q.$$

Comme en vertu de ces équations il vient

$$\frac{q}{r}(s^2-4r) - 7(s^2-4r) = 8q + 8r - 4(1+q)s,$$

le second membre de notre formule se réduira à

$$-h(2s\rho+s^2+8r)\Delta^2 + \left[\frac{7}{2}(\rho^2+s\rho+r) - \Delta^2\frac{d}{d\rho}\log\frac{\mathrm{E}^2}{\Delta}\right]\Theta$$
$$+2r(\rho+h)(\rho+3h)\left[2(\rho+1)(\rho+q)+2r-(\rho+1+q)s\right],$$

ce qu'on peut encore simplifier, en remarquant que, d'après (44),

$$2r(\rho+h)(\rho+3h) = h[s\rho^2+(s^2+4r)\rho+3sr] - \Theta,$$

et que, par suite,

$$4r(\rho+h)(\rho+3h)(\rho+1)(\rho+q) - h(2s\rho+s^2+8r)\Delta^2$$
$$= hs(s\rho+6r)(\rho+1)(\rho+q) - 2(\rho+1)(\rho+q)\Theta.$$

De cette façon, en multipliant notre formule par $\rho+h$ et en posant, pour abréger,

$$(\rho+h)\left[\frac{7}{2}(\rho^2+s\rho+r) - 2(\rho+1)(\rho+q) - \Delta^2\frac{d}{d\rho}\log\frac{\mathrm{E}^2}{\Delta}\right] = \varphi_2,$$

nous obtenons

$$\frac{r(s^2-4r)\rho(\rho+q)D}{9(\rho+h)}\,\frac{f_2}{\varepsilon_2} = \Theta\varphi_2 + h(\rho+h)(\rho+1)(\rho+q)s(s\rho+6r)$$
$$+2r(\rho+h)^2(\rho+3h)\left[2r-s(\rho+1+q)\right],$$

où Θ est donné par la formule (44), que l'on peut encore écrire des deux manières suivantes:

$$\Theta = h(\rho + s)(s\rho + 3r) - r(\rho + 2h)(2\rho + 3h)$$
$$= (hs - 2r)\rho(\rho + s) + r(s - 2h)(2\rho + 3h),$$

et où l'expression désignée par φ_2 se réduit à

$$\varphi_2 = \frac{1}{2}(\rho + h)[7(\rho^2 + s\rho + r) + (1 - q)\rho] - \frac{1}{2}(7\rho + 3h)(\rho + 1)(\rho + q)$$
$$= \frac{1}{2}(\rho + h)[(7s - 6 - 8q)\rho + 7(r - q)] + 2h(\rho + 1)(\rho + q).$$

87. Nous poserons

$$\frac{1}{7}\rho(\rho + q)D\frac{e_2}{\varepsilon_2} = u_2,$$
$$\frac{r(s^2 - 4r)\rho(\rho + q)D}{9(\rho + h)}\frac{f_2}{\varepsilon_2} = v_2,$$

en sorte que, d'après le numéro précédent, nous aurons

$$u_2 = (\rho^2 + s\rho + r)N_1 - (2\rho + s)(\rho + h)N_2 + \frac{9}{2}(l - s)(\rho + h)^2 t_2,$$
$$v_2 = \Theta\varphi_2 + h(\rho + h)(\rho + 1)(\rho + q)s(s\rho + 6r)$$
$$+ 2r(\rho + h)^2(\rho + 3h)[2r - s(\rho + 1 + q)],$$

où

$$t_2 = (\rho + h)(\rho + 3h) - \frac{\rho^2 + s\rho + r}{r(s^2 - 4r)}\Theta.$$

Voyons donc ce que deviendra avec ces notations le troisième terme de l'expression (1) de A_3, savoir

$$\frac{\Delta}{63\gamma E^2}\mathsf{S}\frac{\gamma_2 e_2 f_2}{T_{(2)}}.$$

Comme nous avons posé

$$\frac{DT_{(2)}}{\Delta} = t_2,$$

il vient

$$\frac{\Delta}{63\gamma}\frac{\gamma_2 e_2 f_2}{T_{(2)}} = \frac{\gamma_2 \varepsilon_2^2}{r(s^2 - 4r)\gamma}\frac{\rho + h}{\rho^2(\rho + q)^2 D}\frac{u_2 v_2}{t_2}.$$

Or, d'après (42), on a

$$\frac{\gamma_2 e_2^2}{r(s^2-4r)\gamma} = \frac{\gamma}{81\gamma_2}\frac{q^2(1-q)^2}{(h-q)^2(5h-1-2q)^2}\frac{r(s^2-4r)}{(hs-2r)^2},$$

et les formules (26) et (43), en faisant pour abréger

$$12(1-q+q^2)\left(\frac{r}{q}-1\right)+7(1+q)s-4q=\delta,$$

donnent

$$\frac{\gamma}{9\gamma_2} = \frac{h(1-h)(h-q)(5h-1-2q)}{q(1-q)r(s^2-4r)}\frac{20r-(1+q)s}{\delta}.$$

Nous aurons donc

$$\frac{\gamma_2 e_2^2}{r(s^2-4r)\gamma} = \frac{q(1-q)h(1-h)}{9(h-q)(5h-1-2q)}\frac{20r-(1+q)s}{\delta(hs-2r)^2}.$$

Par suite, en posant

$$\frac{20r-(1+q)s}{\delta(hs-2r)^2} = \Omega_2,$$

nous obtenons, pour le terme en question de A_3,

$$\frac{\Delta}{63\gamma E^2}\mathop{\mathrm{S}}\frac{\gamma_2 e_2 f_2}{T_{(2)}} = \frac{q(1-q)h(1-h)}{9(h-q)(5h-1-2q)\rho(\rho+q)(\rho+h)\Delta^2 D}\mathop{\mathrm{S}}\Omega_2\frac{u_2 v_2}{t_2}.$$

Dans cette formule, Ω_2, u_2, v_2, t_2 dépendent des quantités s et r, dont l'une s'exprime rationnellement à l'aide de l'autre, et dont chacune satisfait à une équation de troisième degré à coefficients rationnels par rapport à q. Par exemple, s satisfait à l'équation (3) du n° 68.

Soient s', s'', s''' les trois racines de cette équation et r', r'', r''' les valeurs correspondantes de r.

D'une manière générale, en considérant une fonction quelconque Φ de s et r, nous désignerons ses valeurs répondant à ces racines respectivement par Φ', Φ'', Φ'''. Alors la somme dans la formule ci-dessus pourra s'écrire ainsi

$$\mathop{\mathrm{S}}\Omega_2\frac{u_2 v_2}{t_2} = \Omega_2'\frac{u_2' v_2'}{t_2'} + \Omega_2''\frac{u_2'' v_2''}{t_2''} + \Omega_2'''\frac{u_2''' v_2'''}{t_2'''}.$$

Comme c'est une fonction rationnelle et symétrique des racines s', s'', s''', on pourra l'exprimer rationnellement à l'aide des coefficients de l'équation en s, et l'on sera ainsi amené à une expression ne dépendant que de ρ, q, h, où ces trois quantités figureront rationnellement. Il est toutefois évident que cette expression ne pourra pas être simple. Il est donc inutile de la rechercher, ce qui demanderait d'ailleurs des calculs extrêmement compliqués.

Groupement des formules dont dépend le calcul de A_3 dans le cas de $m = 3$.

88. Nous allons maintenant grouper les formules que nous avons obtenues dans les derniers numéros.

Reportons-nous au nº 68 et multiplions la formule (1) par

$$3\rho(\rho+q)(\rho+h)\Delta^2 D.$$

Alors, en tenant compte de ce que nous avons trouvé au nºs 76, 82 et 87, et en posant pour abréger

$$3\rho(\rho+q)(\rho+h)\Delta^2 D A_3 = \mathbf{A},$$

nous aurons

$$\mathbf{A} = G_0 + G_1 \mathbf{S}\,\Phi_1 + G_2 \mathbf{S}\,\Phi_2,$$

où

$$G_0 = \begin{vmatrix} L_1 & L_2 & L_3 \\ M_1 & M_2 & M_3 \\ N_1 & N_2 & N_3 \end{vmatrix},$$

$$G_1 = \frac{1}{7}(1-q)(1-h), \qquad G_2 = \frac{q(1-q)h(1-h)}{3(h-q)(5h-1-2q)},$$

$$\Phi_1 = \Omega_1 \frac{u_1 v_1}{hk - \frac{1}{3}\rho^2}, \qquad \Phi_2 = \Omega_2 \frac{u_2 v_2}{t_2}.$$

Cela posé, pour le calcul de G_0, on aura, d'après le nº 76, les formules suivantes:

$$L_1 = (\rho + h)[2(\rho+1)^2 + (2h - l)(3\rho + h + 2)],$$
$$L_2 = (\rho + h)(\rho + 1)(\rho + 1 + 2h - l),$$
$$L_3 = (\rho + h)(\rho + 3h + 2 - 2l) + n,$$
$$M_1 = (\rho + h)^2(9\rho + 3 + 8q - 10h),$$
$$M_2 = 6\rho(\rho+1)(\rho+q) - \tfrac{3}{2}(\rho+h)(\rho^2 + 2\rho + q),$$
$$M_3 = \tfrac{5}{2}(\rho+h)^2 + 2\rho(\rho+q) + \frac{5h(1-h)(h-q)}{5h-1-2q},$$
$$N_1 = 3h(\rho+q)(\rho+h) + (h-q)\rho(\rho+3h),$$
$$N_2 = \rho(\rho+q)(\rho+3h),$$
$$N_3 = \frac{5(h-q)(3h^2-\rho^2)}{2(5h-1-2q)},$$

où

$$l = \tfrac{2}{3} + \tfrac{8}{9}q - \tfrac{4}{9}h, \qquad n = \frac{(1-q)(19h-8q-3)}{9(5h-1-2q)},$$

et h est la plus grande racine de l'équation

$$5h^2 - 2(1+2q)h + q = 0.$$

On aura ensuite, pour le calcul de Φ_1, d'après les nos 80, 81 et 82, ces formules:

$$u_1 = (\rho+h)N_2 - (\rho+k)N_1 + (\rho+k)^2 N_3,$$
$$v_1 = (3hk - \rho^2)\varphi_1 - \tfrac{3}{2}(h-q)(5hk-q)(\rho+1)(\rho+h),$$
$$\Omega_1 = \frac{\bar{k} - h}{2(1-k)(k-q)\left(k - \frac{1+q}{3}\right)},$$

où

$$\varphi_1 = (1-h)(h-q)(5h - 3\bar{k}) - 2(5h-1-2q)(q-k)(\rho+h)$$
$$- \tfrac{1}{2}(5h - 2 + q)(\rho+1)(\rho+h),$$

k est une racine de l'équation

$$3k^2 - 2(1+q)k + q = 0$$

et $\bar{k}$ est une autre racine de la même equation, en sorte que

$$\bar{k} = \frac{2}{3}(1+q) - k.$$

Enfin, pour le calcul de Φ_2, on aura, d'après les nos 86 et 87, les formules

$$u_2 = (\rho^2 + s\rho + r)N_1 - (2\rho + s)(\rho + h)N_2 + \frac{9}{2}(l - s)(\rho + h)^2 t_2,$$

$$v_2 = \Theta\varphi_2 + h(\rho + h)(\rho + 1)(\rho + q)s(s\rho + 6r)$$
$$+ 2r[2r - s(\rho + 1 + q)](\rho + h)^2(\rho + 3h),$$

$$t_2 = (\rho + h)(\rho + 3h) - \frac{\rho^2 + s\rho + r}{r(s^2 - 4r)}\Theta,$$

$$\Omega_2 = \frac{20r - (1+q)s}{\delta(hs - 2r)^2},$$

où

$$\Theta = (hs - 2r)\rho(\rho + s) + r(s - 2h)(2\rho + 3h),$$

$$\varphi_2 = \frac{1}{2}(\rho + h)[(7s - 6 - 8q)\rho + 7(r - q)] + 2h(\rho + 1)(\rho + q),$$

$$\delta = 12(1 - q + q^2)\left(\frac{r}{q} - 1\right) + 7(1+q)s - 4q,$$

$$r = \frac{3}{5}q - \frac{3}{5}(1+q)s + \frac{7}{10}s^2$$

et s est une racine de l'équation

$$49s^3 - 98(1+q)s^2 + 4(12 + 37q + 12q^2)s - 48q(1+q) = 0.$$

A l'aide de ces formules, on calculera les valeurs Φ_1', Φ_1'' de Φ_1 répondant aux deux racines k', k'' de l'équation en k et les valeurs Φ_2', Φ_2'', Φ_2''' de Φ_2 qui correspondent aux trois racines s', s'', s''' de l'équation en s, et l'on aura ensuite

$$\mathbf{S}\,\Phi_1 = \Phi_1' + \Phi_1'', \qquad \mathbf{S}\,\Phi_2 = \Phi_2' + \Phi_2'' + \Phi_2'''.$$

Pour fixer les idées, nous supposerons dans ce qui suit

$$k' < k'', \qquad s' < s'' < s'''.$$

Recherche du signe de A_3 dans le cas de $m=3$.

89. Comme A_3 ne diffère de $\mathbf{A}$ que par un facteur positif, la question revient à la recherche du signe de $\mathbf{A}$, dont l'expression, en y mettant en évidence tous les termes, sera

$$(1) \qquad \mathbf{A} = G_0 + G_1\Phi_1' + G_1\Phi_1'' + G_2\Phi_2' + G_2\Phi_2'' + G_2\Phi_2''';$$

elle sera donc constituée de six termes. Voyons ce qu'on peut dire à leur sujet.

Tout d'abord, on peut affirmer que le premier terme, G_0, sera positif. En effet, il ne diffère de S que par un facteur positif, et nous avons vu au nº 62 que S est un nombre positif.

On peut ensuite affirmer que le deuxième terme, $G_1\Phi_1'$, sera positif. En effet, $G_1\Phi_1$ est le produit de l'expression

$$\frac{e_1 f_1}{T_{(1)}}$$

par un nombre positif, et cette expression, d'après ce que nous avons montré au nº 79, prend pour $k=k'$ une valeur positive.

De cette façon nous aurons

$$G_0 > 0, \qquad G_1\Phi_1' > 0.$$

Quant à d'autres termes de la formule (1), il est difficile d'en reconnaître les signes sans avoir recours aux calculs numériques. C'est de ces calculs que nous allons nous occuper à présent, et nous verrons en définitive que le troisième terme, $G_1\Phi_1''$, est négatif, tandis que les trois derniers termes sont positifs, en sorte que la formule (1) n'aura qu'*un* terme négatif. Nous verrons d'ailleurs que ce terme sera en valeur absolue plus petit qu'un des termes positifs.

Mais, avant d'aborder les calculs, il est utile d'observer

1º que G_1 et G_2 sont des nombres positifs;

2º que Ω_1' est positif et Ω_1'' est négatif;

3º que l'expression $hk - \frac{1}{3}\rho^2$ a une valeur positive pour chacune des deux valeurs de k;

4° que Ω_2 a une valeur positive pour chacune des trois valeurs de s;

5° que t_2 est positif pour chacune des trois valeurs de s.

Le 1° résulte immédiatement des expressions de G_1 et G_2.

Le 2° découle de l'expression de Ω_1 en tenant compte de ce que

$$k' < q, \qquad k' < \tfrac{1}{8}(1+q), \qquad k'' > h,$$

$$k'' > q, \qquad k'' > \tfrac{1}{8}(1+q), \qquad k' < h.$$

Le 3° résulte de la formule (17) du n° 77, qui fait voir que le signe de l'expression

$$hk - \tfrac{1}{8}\rho^2$$

coïncide avec le signe du rapport

$$\frac{T_{(1)}}{h-k},$$

dont les termes sont tous les deux positifs pour $k = k'$ et négatifs pour $k = k''$.

Le 4° résulte de la formule (43) du n° 87, d'après laquelle le rapport

$$\frac{20r - (1+q)s}{\delta}$$

a toujours une valeur positive.

Enfin le 5° est équivalent à ces trois inégalités:

$$T_{4,0} > 0, \qquad T_{4,4} > 0, \qquad T_{4,8} > 0,$$

dont la troisième est une conséquence de l'égalité $T_{8,6} = 0$ (n° 2) et les deux autres résultent immédiatement de l'expression de $T_{n,s}$ (**1**, n° 38).

Cela posé, venons aux calculs.

90. D'après le n° 27, on a dans le cas qui nous intéresse

$$\rho = 0,1351\left\{\begin{smallmatrix}70\\65\end{smallmatrix}\right.,$$

$$q = 0,0769\left\{\begin{smallmatrix}131\\078\end{smallmatrix}\right.,$$

$$h = 0,42536\left\{\begin{smallmatrix}74\\54\end{smallmatrix}\right.,$$

et c'est en partant de ces nombres que nous allons effectuer les calculs.

Toutefois, quand il nous paraîtra utile d'augmenter la précision, nous tiendrons compte de ce que, h étant la plus grande racine de l'équation

$$5h^2 - 2(1+2q)h + q = 0, \tag{2}$$

on a:

$$\text{pour } q \doteq 0,07691\,31, \qquad h = 0,42536\,7\{^4_3,$$

$$\text{pour } q = 0,07690\,78, \qquad h = 0,42536\,5\{^5_4.$$

Cela résulte immédiatement des nombres obtenus aux nos 25 et 26, eu égard à ce qu'on a

$$\frac{dh}{dq} < \frac{1}{2},$$

tant que $q < \frac{1}{4}$.

C'est en tenant compte de cette circonstance que nous avons trouvé au no 27

$$5h - 1 - 2q = 0,97301\{^2_0.$$

En tenant compte de la même circonstance, nous pouvons, en cherchant la valeur de la différence $h-q$, qui est, en vertu de l'équation (2), une fonction décroissante de q, remplacer les inégalités

$$h - q < 0,42536\,74 - 0,07690\,78,$$

$$h - q > 0,42536\,54 - 0,07691\,31$$

par les suivantes:

$$h - q < 0,42536\,55 - 0,07690\,78,$$

$$h - q > 0,42536\,73 - 0,07691\,31.$$

Nous pouvons donc écrire

$$h - q = 0,34845\{^{77}_{42}.$$

Nous commencerons par calculer

$$\Phi_1'' = \Omega_1'' \frac{u_1''v_1''}{hk'' - \frac{1}{8}\rho^2}.$$

91. L'expression précédente dépendant des racines de l'équation

$$3k^2 - 2(1+q)k + q = 0, \tag{3}$$

calculons avant tout ces racines, qui sont

$$k' = \frac{1}{3}(1+q) - \frac{1}{3}\sqrt{1-q+q^2},$$

$$k'' = \frac{1}{3}(1+q) + \frac{1}{3}\sqrt{1-q+q^2}.$$

En supposant d'abord

$$q = 0,0769078,$$

on trouve

$$1-q+q^2 = 0,9290070\left\{\begin{smallmatrix}1\\0\end{smallmatrix}\right.,$$

$$\sqrt{1-q+q^2} = 0,963850\left\{\begin{smallmatrix}1\\0\end{smallmatrix}\right.,$$

d'où il vient

$$k' = 0,03768\left\{\begin{smallmatrix}60\\59\end{smallmatrix}\right., \qquad k'' = 0,680252\left\{\begin{smallmatrix}7\\6\end{smallmatrix}\right..$$

En supposant ensuite

$$q = 0,0769131,$$

on trouve

$$1-q+q^2 = 0,9290025\left\{\begin{smallmatrix}3\\2\end{smallmatrix}\right.,$$

$$\sqrt{1-q+q^2} = 0,963847\left\{\begin{smallmatrix}8\\7\end{smallmatrix}\right.,$$

d'où l'on déduit

$$k' = 0,037688\left\{\begin{smallmatrix}5\\4\end{smallmatrix}\right., \qquad k'' = 0,680253\left\{\begin{smallmatrix}7\\6\end{smallmatrix}\right..$$

Donc, comme les racines de l'équation (3) sont des fonctions croissantes de q, on aura, pour leurs valeurs dans le cas qui nous intéresse,

$$k' = 0,03768\left\{\begin{smallmatrix}85\\59\end{smallmatrix}\right.,$$

$$k'' = 0,68025\left\{\begin{smallmatrix}37\\26\end{smallmatrix}\right..$$

En même temps on aura

$$1-q+q^2 = 0,92900\left\{{}^{71}_{25},\right.$$

$$\sqrt{1-q+q^2} = 0,9638\left\{{}^{501}_{477}.\right.$$

Maintenant, en partant de ces nombres, calculons

$$\Omega_1'' = \frac{k'-h}{2(1-k'')(k''-q)\left(k''-\frac{1+q}{3}\right)}.$$

On a

$$1-k'' = 0,31974\left\{{}^{63}_{74},\right.$$

$$k''-\frac{1}{3}(1+q) = \frac{1}{3}\sqrt{1-q+q^2} = 0,32128\left\{{}^{25}_{84}\right.$$

et, en remarquant que, k étant une racine quelconque de l'équation (3), $k-q$ est une fonction décroissante de q, on trouve

$$k''-q = 0,68025\left\{{}^{36}_{27}\right. - 0,0769\left\{{}^{181}_{078},\right.$$

ou bien,

$$k''-q = 0,60334\left\{{}^{05}_{49}.\right.$$

De là on déduit

$$2(1-k'')(k''-q)\left(k''-\frac{1+q}{3}\right) = 0,12396\left\{{}^{10}_{27}.\right.$$

Enfin, pour calculer $k'-h$, on pourra tenir compte de ce que $h-k'$, au voisinage de la valeur considérée de q, est une fonction décroissante de q, ce qui est facile à démontrer. On aura donc

$$h-k' = 0,42536\left\{{}^{55}_{73}\right. - 0,03768\left\{{}^{59}_{85},\right.$$

ou bien

$$h-k' = 0,38767\left\{{}^{96}_{88}.\right.$$

D'après cela on trouve

$$\Omega_1'' = -\frac{38767\left\{{}^{96}_{88}\right.}{12396\left\{{}^{10}_{27}\right.} = -3,127\left\{{}^{44}_{38}.\right.$$

Calculons ensuite l'expression $hk'' - \frac{1}{3}\rho^2$.

On a

$$hk'' = 0,2893\left\{\begin{smallmatrix}5775\\5591\end{smallmatrix}\right.,$$

$$\frac{1}{3}\rho^2 = 0,0060\left\{\begin{smallmatrix}8985\\9031\end{smallmatrix}\right..$$

Donc

$$hk'' - \frac{1}{3}\rho^2 = 0,28326\left\{\begin{smallmatrix}79\\56\end{smallmatrix}\right..$$

Passons au calcul de u_1''.

92. Comme on a

$$u_1'' = (\rho + h)N_2 - (\rho + k'')N_1 + (\rho + k'')^2 N_3,$$

calculons d'abord

$$N_1 = 3h(\rho + h)(\rho + q) + (h - q)\rho(\rho + 3h),$$

$$N_2 = \rho(\rho + 3h)(\rho + q),$$

$$N_3 = \frac{5(h-q)(3h^2 - \rho^2)}{2(5h - 1 - 2q)}.$$

On trouve

$$3h\rho = 0,1724\left\{\begin{smallmatrix}9074\\6354\end{smallmatrix}\right.,$$

$$3h^2 = 0,5428\left\{\begin{smallmatrix}1228\\0717\end{smallmatrix}\right.$$

et, d'après ce que nous venons d'obtenir,

$$\rho^2 = 0,0182\left\{\begin{smallmatrix}7093\\6955\end{smallmatrix}\right..$$

De là il vient

$$3h(\rho + h) = 0,715\left\{\begin{smallmatrix}30302\\29071\end{smallmatrix}\right., \qquad \rho(\rho + 3h) = 0,1907\left\{\begin{smallmatrix}6167\\5309\end{smallmatrix}\right..$$

On a ensuite

$$\rho + q = 0,2120\left\{\begin{smallmatrix}831\\728\end{smallmatrix}\right.$$

et, d'après ce que nous avons trouvé au n° 90,

$$h-q=0,34845\left\{\begin{smallmatrix}77\\42\end{smallmatrix}\right.,\qquad \tfrac{2}{5}(5h-1-2q)=0,389204\left\{\begin{smallmatrix}8\\0\end{smallmatrix}\right..$$

D'après cela on trouve

$$3h(\rho+h)(\rho+q)=0,151\left\{\begin{smallmatrix}7\,037\\6\,987\end{smallmatrix}\right.$$

$$(h-q)\rho(\rho+3h)=0,066\left\{\begin{smallmatrix}4\,724\\4\,687\end{smallmatrix}\right.$$

$$N_1=0,218\left\{\begin{smallmatrix}1\,761\\1\,624\end{smallmatrix}\right.,$$

$$N_2=0,04045\left\{\begin{smallmatrix}74\\35\end{smallmatrix}\right.;$$

$$3h^2-\rho^2=0,5245\left\{\begin{smallmatrix}426\\362\end{smallmatrix}\right.,$$

$$(h-q)(3h^2-\rho^2)=0,1827\left\{\begin{smallmatrix}810\\768\end{smallmatrix}\right.,$$

$$N_3=\frac{1827\left\{\begin{smallmatrix}810\\768\end{smallmatrix}\right.}{389204\left\{\begin{smallmatrix}0\\8\end{smallmatrix}\right.}=0,4696\left\{\begin{smallmatrix}278\\159\end{smallmatrix}\right..$$

Puis on trouve

$$\rho+h=0,56053\left\{\begin{smallmatrix}74\\04\end{smallmatrix}\right.,$$

$$\rho+k''=0,8154\left\{\begin{smallmatrix}287\\176\end{smallmatrix}\right.,$$

$$(\rho+k'')^2=0,6649\left\{\begin{smallmatrix}159\\058\end{smallmatrix}\right.$$

et enfin,

$$(\rho+h)N_2=0,0226\left\{\begin{smallmatrix}779\\754\end{smallmatrix}\right.$$

$$(\rho+k'')^2N_3=0,3122\left\{\begin{smallmatrix}630\\503\end{smallmatrix}\right.$$

$$0,3349\left\{\begin{smallmatrix}409\\257\end{smallmatrix}\right.$$

$$(\rho+k'')N_1=0,177\left\{\begin{smallmatrix}8\,934\\0\,060\end{smallmatrix}\right.$$

$$u_1''=0,1570\left\{\begin{smallmatrix}475\\197\end{smallmatrix}\right..$$

93. Il nous reste encore à calculer v_1''. Mais nous allons chercher directement le rapport de cette quantité à $hk''-\frac{1}{3}\rho^2$. Nous allons donc calculer l'expression

$$\frac{v_1''}{hk''-\frac{1}{3}\rho^2}=3\varphi_1''-\frac{3(h-q)(5hk''-q)(\rho+1)(\rho+h)}{2\left(hk''-\frac{1}{3}\rho^2\right)},$$

où

$$\varphi_1'' = (1-h)(h-q)(5h-3k') + 2(5h-1-2q)(k''-q)(\rho+h) - \frac{1}{2}(5h-2+q)(\rho+1)(\rho+h).$$

Commençons par calculer φ_1''.

Nous avons

$$1-h = 0,57463\left\{\begin{matrix}46\\26\end{matrix}\right., \qquad 5h-1-2q = 0,97301\left\{\begin{matrix}2\\0\end{matrix}\right.,$$

$$h-q = 0,34845\left\{\begin{matrix}77\\42\end{matrix}\right., \qquad 5h-2+q = 0,2037\left\{\begin{matrix}501\\348\end{matrix}\right.,$$

$$\rho+h = 0,56053\left\{\begin{matrix}74\\04\end{matrix}\right., \qquad \frac{1}{2}(\rho+1)(\rho+h) = 0,3181\left\{\begin{matrix}527\\472\end{matrix}\right.$$

et, d'après ce que nous avons trouvé au nº 91,

$$k''-q = 0,60334\left\{\begin{matrix}49\\05\end{matrix}\right..$$

On a ensuite

$$5h-3k' = 5.0,42536\left\{\begin{matrix}74\\54\end{matrix}\right. - 3.0,03768\left\{\begin{matrix}84\\60\end{matrix}\right. = 2,0137\left\{\begin{matrix}718\\690\end{matrix}\right.,$$

car il est facile de s'assurer que, dans les limites considérées de q, l'expression $5h-3k'$ est une fonction croissante de q.

En partant de ces nombres, nous obtenons

$$(1-h)(h-q)(5h-3k') = 0,4032\left\{\begin{matrix}2032\\2329\end{matrix}\right.$$

$$2(5h-1-2q)(k''-q)(\rho+h) = 0,6581\left\{\begin{matrix}4023\\2584\end{matrix}\right.$$

$$1,0613\left\{\begin{matrix}696\\491\end{matrix}\right.$$

$$\frac{1}{2}(5h-2+q)(\rho+1)(\rho+h) = 0,0648\left\{\begin{matrix}176\\237\end{matrix}\right.$$

$$\varphi_1'' = 0,9965\left\{\begin{matrix}520\\254\end{matrix}\right..$$

Calculons maintenant l'expression

$$\frac{3(h-q)(5hk''-q)(\rho+1)(\rho+h)}{2\left(hk''-\frac{1}{3}\rho^2\right)}. \tag{4}$$

En remarquant que

$$5hk'' - q = (5h - 3k')k'',$$

nous concluons que, dans les limites considérées de q, la différence $5hk'' - q$ est une fonction croissante de q. Nous pouvons donc écrire, en nous servant de la valeur de hk'' trouvée au nº 91,

$$5hk'' - q = 5.0,2893\left\{{}^{5775}_{5591} - 0,0769\left\{{}^{131}_{078},\right.\right.$$

ou bien,

$$5hk'' - q = 1,36987\left\{{}^{57}_{17}.\right.$$

D'après cela nous obtenons

$$\frac{3}{2}(h-q)(5hk''-q)(\rho+1)(\rho+h) = 0,455\left\{{}^{6046}_{5908},\right.$$

et nous avons trouvé au nº 91

$$hk'' - \frac{1}{3}\rho^2 = 0,28326\left\{{}^{79}_{56}.\right.$$

Donc, pour la valeur de l'expression (4), on trouve

$$\frac{455\left\{{}^{6046}_{5908}\right.}{28326\left\{{}^{56}_{79}\right.} = 1,608\left\{{}^{4008}_{3389}.\right.$$

Par suite, comme on a

$$3\varphi_1'' = 2,989\left\{{}^{6560}_{5762},\right.$$

il vient

$$\frac{v_1''}{hk'' - \frac{1}{3}\rho^2} = 1,381\left\{{}^{318}_{175}.\right.$$

De cette façon, nous avons tout ce qui est nécessaire pour calculer Φ_1'', et nous obtiendrons cette quantité en faisant le produit des trois nombres

$$-3,127\left\{{}^{44}_{38},\right. \qquad 0,1570\left\{{}^{475}_{197},\right. \qquad 1,381\left\{{}^{318}_{175},\right.$$

ce qui donnera

$$\Phi_1'' = -0,678\left\{{}^{45}_{24}.\right.$$

94. Nous allons à présent examiner les trois derniers termes de la formule (1) et, pour cela, nous allons d'abord calculer les racines s', s'', s''' de l'équation

$$49s^3 - 98(1+q)s^2 + 4(12+37q+12q^2)s - 48q(1+q) = 0$$

avec les valeurs correspondantes de r.

Pour obtenir une première approximation, on pourra se servir de la méthode trigonométrique.

A cet effet on transformera l'équation précédente en posant

$$s = \frac{2}{3}(1+q) + \frac{2}{21}z, \tag{5}$$

ce qui la réduira à

$$z^3 - 3Pz + Q = 0, \tag{6}$$

où

$$P = 13(1-q+q^2), \qquad Q = 35(1+q)(2-q)(1-2q).$$

Comme on aura nécessairement $Q^2 < 4P^3$, on pourra poser

$$\frac{Q^2}{4P^3} = \sin^2 3\varphi,$$

en entendant par φ un angle réel.

Alors, si l'on suppose, ce qui est permis, que φ soit compris entre 0° et 30°, les valeurs de z qui conduisent à s', s'', s''' seront respectivement

$$z' = -2\sqrt{P}\cos(30° - \varphi), \qquad z'' = 2\sqrt{P}\sin\varphi, \qquad z''' = 2\sqrt{P}\sin(60° - \varphi).$$

En faisant les calculs on trouve

$$\varphi < 15°\,38'\,54'',1,$$

$$\varphi > 15°\,38'\,53'',7,$$

et de là, la valeur de P étant

$$P = 12,0770\left\{\begin{smallmatrix}92\\32\end{smallmatrix}\right.,$$

on déduit

$$z' = -6,733\left\{{}^{53}_{49}\right., \qquad z'' = 1,8747\left\{{}^{6}_{3}\right., \qquad z''' = 4,8587\left\{{}^{8}_{4}\right..$$

Pour avoir ensuite une plus grande approximation, le plus simple sera de recourir à la méthode de Newton.

Soit $f(z)$ le premier membre de l'équation (6).

En entendant par z la racine cherchée et par c une valeur approchée de cette racine, nous aurons

$$c - z = \frac{f(c)}{f'(\zeta)},$$

ζ étant un certain nombre intermédiaire entre z et c.

Appliquons cette méthode à la recherche de z' et de z'''. Quant à la troisième racine, on la déduira immédiatement de la relation

$$z' + z'' + z''' = 0.$$

En cherchant z' nous prendrons pour c un nombre compris entre les limites

$$-6,73353 \quad \text{et} \quad -6,73349.$$

Alors ζ sera compris entre les mêmes limites, et nous aurons, en faisant le calcul avec la valeur de P que nous venons d'indiquer,

$$f'(\zeta) = 3(\zeta^2 - P) = 99,7\left\{{}^{91}_{88}\right..$$

En cherchant ensuite z''' et en prenant pour c un nombre compris entre

$$4,85874 \quad \text{et} \quad 4,85878,$$

nous aurons

$$f'(\zeta) = 34,59\left\{{}^{22}_{07}\right..$$

Ces valeurs de $f'(\zeta)$ nous suffiront. Quant aux valeurs de $f(c)$, il faudra les calculer avec une approximation beaucoup plus grande et, pour cela, nous allons considérer séparément les deux valeurs limites de q.

Tout d'abord, voici les valeurs de P et de Q:

$$\text{pour } q = 0,0769\,078, \quad \begin{cases} P = 12,07709\,1126\{^2_1, \\ Q = 61,33546\,8631\{^6_5, \end{cases}$$

$$\text{pour } q = 0,0769\,131, \quad \begin{cases} P = 12,07703\,2824\{^4_3, \\ Q = 61,33483\,3113\{^9_8. \end{cases}$$

Cela posé, nous prendrons, pour calculer la racine z',

$$c = -6,7335,$$

et nous aurons alors:

$$\text{pour } q = 0,0769\,078, \qquad f(c) = \quad 0,00170\,810\{^{01}_{89},$$

$$\text{pour } q = 0,0769\,131, \qquad f(c) = -0,00010\,513\{^{94}_{71}.$$

Par suite, pour la première valeur de q, il viendra

$$z' = -6,7335 - \frac{1,70810\{^{61}_{89}}{997\{^{88}_{91}} = -6,73351\,711\{^8_6$$

et, pour la seconde,

$$z' = -6,7335 + \frac{0,10513\{^{94}_{71}}{997\{^{88}_{91}} = -6,73349\,894\{^7_6.$$

En passant ensuite au calcul de z''', nous prendrons

$$c = 4,85876.$$

Nous aurons alors

$$\text{pour } q = 0,0769\,078, \qquad f(c) = -0,00017\,970\{^6_3,$$

$$\text{pour } q = 0,0769\,131, \qquad f(c) = \quad 0,00003\,460\{^3_0,$$

d'où il viendra: pour la première valeur de q,

$$z''' = 4,85876 + \frac{1,7970\{^6_3}{3459\{^{07}_{22}} = 4,85876\,519\{^6_4$$

et, pour la seconde,

$$\mathfrak{s}''' = 4,85876 - \frac{0,3460\left\{\begin{smallmatrix}8\\0\end{smallmatrix}\right.}{3459\left\{\begin{smallmatrix}07\\22\end{smallmatrix}\right.} = 4,85875\,8999\left\{\begin{smallmatrix}8\\8\end{smallmatrix}\right..$$

Ayant ainsi calculé $\mathfrak{s}'$ et $\mathfrak{s}'''$, nous en déduirons, par la formule (5), s' et s''', et la relation

$$s' + s'' + s''' = 2(1+q)$$

nous donnera ensuite s''.

Enfin, pour obtenir les valeurs correspondantes de r, nous pourrons nous servir, soit de la formule

$$10r = 6q - 6(1+q)s + 7s^2, \tag{7}$$

soit de la formule

$$r = \frac{qs}{8(1+q) - 7s}. \tag{8}$$

Toutefois, dans le cas de $s = s'''$, la première formule est préférable comme conduisant à une plus grande précision, tandis que, dans les cas des deux autres valeurs de s, c'est la seconde formule qui conduira à un meilleur résultat.

En effectuant tous ces calculs nous avons obtenu les nombres, qui sont groupés dans le Tableau suivant:

	$q = 0,0769\,078$	$q = 0,0769\,131$
s'	$0,07665\,11\left\{\begin{smallmatrix}9\\8\end{smallmatrix}\right.$	$0,07665\,64\left\{\begin{smallmatrix}6\\5\end{smallmatrix}\right.$
r'	$0,00072\,97\left\{\begin{smallmatrix}1\\0\end{smallmatrix}\right.$	$0,00072\,98\left\{\begin{smallmatrix}1\\0\end{smallmatrix}\right.$
s''	$0,89648\,63\left\{\begin{smallmatrix}4\\3\end{smallmatrix}\right.$	$0,89648\,87\left\{\begin{smallmatrix}3\\2\end{smallmatrix}\right.$
r''	$0,02946\,62\left\{\begin{smallmatrix}6\\5\end{smallmatrix}\right.$	$0,02946\,80\left\{\begin{smallmatrix}2\\1\end{smallmatrix}\right.$
s'''	$1,18067\,80\left\{\begin{smallmatrix}8\\7\end{smallmatrix}\right.$	$1,18068\,10\left\{\begin{smallmatrix}2\\1\end{smallmatrix}\right.$
r'''	$0,25905\,63\left\{\begin{smallmatrix}3\\2\end{smallmatrix}\right.$	$0,25905\,87\left\{\begin{smallmatrix}2\\1\end{smallmatrix}\right..$

Comme s', s'', s''' et r', r'', r''' sont des fonctions croissantes de q, les nombres de ce Tableau donnent des limites, entre lesquelles se trouvent les valeurs de ces fonctions, répondant au cas qui nous intéresse. Nous aurons donc dans ce cas

$$s' = 0,07665\left\{\substack{65\\11}\right., \qquad r' = 0,000729\left\{\substack{81\\70}\right.,$$

$$s'' = 0,89648\left\{\substack{88\\63}\right., \qquad r'' = 0,02946\left\{\substack{81\\62}\right.,$$

$$s''' = 1,1806\left\{\substack{811\\780}\right., \qquad r''' = 0,25905\left\{\substack{88\\63}\right..$$

C'est avec ces valeurs que nous allons faire les calculs. Mais dans certains cas, où il sera utile d'atteindre une plus grande précision, nous tiendrons compte du Tableau précédent. C'est ce que nous ferons tout à l'heure en calculant certaines combinaisons de s, r, q, h.

95. Quand il faudra déterminer des limites entre lesquelles se trouve, dans le cas qui nous intéresse, la valeur d'une expression dépendant de s, r, q, h, il suffira le plus souvent de calculer cette expression pour les deux valeurs limites de q. Mais, pour qu'il soit certain que les nombres obtenus représentent effectivement les limites cherchées, il faudra d'abord prouver que la dérivée de l'expression dont il s'agit ne s'annule pas pour les valeurs intermédiaires de q. C'est pour faciliter cette recherche accessoire que nous allons à présent indiquer des limites, entre lesquelles se trouvent les valeurs des dérivées

$$\frac{ds'}{dq}, \quad \frac{ds''}{dq}, \quad \frac{ds'''}{dq}, \quad \frac{dr'}{dq}, \quad \frac{dr''}{dq}, \quad \frac{dr'''}{dq}.$$

Les équations (7) et (8) donnent

$$5\frac{dr}{dq} - [7s - 3(1+q)]\frac{ds}{dq} = 3(1-s),$$

$$[8(1+q) - 7s]\frac{dr}{dq} - (7r+q)\frac{ds}{dq} = s - 8r,$$

et l'on trouve, d'après les nombres que nous venons d'obtenir,

$$\frac{7}{5}s' - \frac{3}{5}(1+q) = -0,5388\left\{\substack{4\\2}\right., \qquad \frac{3}{5}(1-s') = 0,5540\left\{\substack{1\\0}\right.,$$

$$\frac{7}{5}s'' - \frac{3}{5}(1+q) = 0,6089\left\{\substack{4\\3}\right., \qquad \frac{3}{5}(1-s'') = 0,0621\left\{\substack{1\\0}\right.,$$

$$\frac{7}{5}s''' - \frac{3}{5}(1+q) = 1,0068\left\{\substack{1\\0}\right., \qquad \frac{3}{5}(1-s''') = -0,1084\left\{\substack{1\\0}\right.,$$

$$8(1+q)-7s' = 8,078\left\{{}^{75}_{66}\right., \quad 7r'+q = 0,0820\left\{{}^{22}_{15}\right., \quad s'-8r' = 0,0708\left\{{}^{2}_{1}\right.,$$

$$8(1+q)-7s'' = 2,339\left\{{}^{91}_{84}\right., \quad 7r''+q = 0,2831\left\{{}^{9}_{7}\right., \quad s''-8r'' = 0,6607\left\{{}^{6}_{4}\right.,$$

$$8(1+q)-7s''' = 0,350\left\{{}^{56}_{49}\right., \quad 7r'''+q = 1,8903\left\{{}^{3}_{0}\right., \quad s'''-8r''' = -0,8917\left\{{}^{98}_{69}\right..$$

De là on déduit

$$\frac{ds'}{dq} = 0,993\left\{{}^{3}_{1}\right., \qquad \frac{dr'}{dq} = 0,018\left\{{}^{91}_{77}\right.,$$

$$\frac{ds''}{dq} = 0,451\left\{{}^{6}_{4}\right., \qquad \frac{dr''}{dq} = 0,337\left\{{}^{1}_{0}\right.,$$

$$\frac{ds'''}{dq} = 0,555\left\{{}^{4}_{3}\right., \qquad \frac{dr'''}{dq} = 0,450\left\{{}^{8}_{6}\right..$$

A ces valeurs des dérivées nous en ajouterons encore celle-ci:

$$\frac{dh}{dq} = \frac{4h-1}{2(5h-1-2q)} = 0,3604\left\{{}^{7}_{5}\right..$$

96. Commençons par calculer les valeurs de Θ et de t_2 qui correspondent aux trois valeurs de s.

Nous avons

$$\Theta = (hs-2r)\rho(\rho+s) + r(s-2h)(2\rho+3h), \tag{9}$$

et c'est de cette formule que nous nous servirons dans les cas de $s=s''$ et de $s=s'''$. Quant au cas de $s=s'$, la formule précédente conduit à un résultat peu précis, et, pour arriver à un meilleur résultat, il convient de la présenter sous la forme

$$\Theta = (s^2-4r)h\left(\rho+\frac{3}{2}h\right) - (hs-2r)\left(\frac{3}{2}hs-\rho^2\right)$$

et de calculer d'abord non pas Θ, mais

$$\frac{\Theta}{s^2-4r} = h\left(\rho+\frac{3}{2}h\right) - \frac{hs-2r}{s^2-4r}\left(\frac{3}{2}hs-\rho^2\right). \tag{10}$$

De cette façon, dans le cas de $s=s'$, il nous faudra connaître les valeurs des expressions

$$hs-2r, \qquad s^2-4r, \qquad \frac{hs-2r}{s^2-4r}$$

et, dans les cas de $s = s''$ et de $s = s'''$, les valeurs des expressions

$$hs - 2r, \qquad s^2 - 4r, \qquad r(s - 2h),$$

dont celle $s^2 - 4r$ figure dans t_2.

Calculons donc d'abord ces expressions.

Par les valeurs des dérivées que nous avons indiquées au numéro précédent, on trouve que, pour $s = s'$, on a, dans les limites considérées de q,

$$\frac{d(hs - 2r)}{dq} > 0, \qquad \frac{d(s^2 - 4r)}{dq} > 0, \qquad \frac{d}{dq}\frac{hs - 2r}{s^2 - 4r} < 0,$$

et que, pour $s = s''$ et pour $s = s'''$, dans les mêmes limites,

$$\frac{d(hs - 2r)}{dq} < 0, \qquad \frac{d(s^2 - 4r)}{dq} < 0, \qquad \frac{d\,r(s - 2h)}{dq} > 0.$$

La question revient donc à calculer les valeurs des expressions dont il s'agit pour les deux valeurs limites de q.

En effectuant ce calcul à l'aide du Tableau du n° 94, nous avons trouvé

$$\text{pour} \quad s = s', \quad \left\{ \begin{aligned} hs - 2r &= 0,03114\left\{{}^{756}_{533},\right. \\ s^2 - 4r &= 0,00295\left\{{}^{702}_{656},\right. \\ \frac{hs - 2r}{s^2 - 4r} &= 10,53\left\{{}^{434}_{341};\right. \end{aligned} \right.$$

$$\text{pour} \quad s = s'', \quad \left\{ \begin{aligned} hs - 2r &= 0,32240\left\{{}^{187}_{094},\right. \\ s^2 - 4r &= 0,6858\left\{{}^{2270}_{1995},\right. \\ r(s - 2h) &= 0,00134\,82\left\{{}^{84}_{37};\right. \end{aligned} \right.$$

$$\text{pour} \quad s = s''', \quad \left\{ \begin{aligned} hs - 2r &= -\,0,01589\left\{{}^{435}_{291},\right. \\ s^2 - 4r &= \,0,35777\left\{{}^{544}_{278},\right. \\ r(s - 2h) &= \,0,08547\left\{{}^{5518}_{4855}.\right. \end{aligned} \right.$$

Remarquons que, pour calculer $s^2 - 4r$, nous avons employé la formule

$$s^2 - 4r = \frac{6}{7}\left[(1 + q)s - q - 3r\right],$$

qui découle de l'équation (7).

97. Venons au calcul de la formule (10) pour $s = s'$.

On trouve

$$h\left(\rho + \frac{3}{2}h\right) = 0,328\left\{\begin{matrix}90806\\89809\end{matrix}\right., \qquad \frac{3}{2}hs' - \rho^2 = 0,0306\left\{\begin{matrix}4119\\3619\end{matrix}\right.$$

et ensuite,

$$\frac{hs' - 2r'}{s'^2 - 4r'}\left(\frac{3}{2}hs' - \rho^2\right) = 0,3227\left\{\begin{matrix}0355\\8472\end{matrix}\right..$$

On a donc

$$\frac{\Theta'}{s'^2 - 4r'} = 0,0061\left\{\begin{matrix}9951\\1337\end{matrix}\right.. \tag{11}$$

Calculons maintenant t'_2, en nous reportant à la formule

$$t_2 = (\rho + h)(\rho + 3h) - \frac{\rho^2 + s\rho + r}{r(s^2 - 4r)}\Theta. \tag{12}$$

En tenant compte de ce que le rapport

$$\frac{s}{r} = \frac{1}{h_1} + \frac{1}{h_2}$$

est une fonction décroissante de q, on trouve

$$\frac{\rho^2 + s'\rho + r'}{r'} = 40,23\left\{\begin{matrix}788\\049\end{matrix}\right..$$

De là on déduit

$$\frac{\rho^2 + s'\rho + r'}{r'}\,\frac{\Theta'}{s'^2 - 4r'} = 0,24\left\{\begin{matrix}9456\\5943\end{matrix}\right.$$

et l'on a

$$(\rho + h)(\rho + 3h) = 0,7910\left\{\begin{matrix}71\\54\end{matrix}\right..$$

Il vient donc

$$t'_2 = 0,54\left\{\begin{matrix}518\\159\end{matrix}\right..$$

Quant à la valeur de Θ', l'égalité (11) donne

$$\Theta' = 0,00001\,8\left\{\begin{matrix}34\\07\end{matrix}\right..$$

98. Passons au calcul de la formule (9) pour $s = s''$ et pour $s = s'''$. On trouve

$$\rho(\rho + s'') = 0,13944\left\{\begin{smallmatrix}94\\81\end{smallmatrix}\right., \qquad \rho(\rho + s''') = 0,1778\left\{\begin{smallmatrix}636\\559\end{smallmatrix}\right.$$

et, d'autre part,

$$2\rho + 3h = 1,5464\left\{\begin{smallmatrix}422\\262\end{smallmatrix}\right..$$

De là, d'après les nombres obtenus au n° 96, on déduit

$$\Theta'' = 0,04704\left\{\begin{smallmatrix}380\\153\end{smallmatrix}\right., \qquad \Theta''' = 0,12935\left\{\begin{smallmatrix}681\\352\end{smallmatrix}\right..$$

Passant ensuite au calcul de t_2'' et de t_2''', on trouve:

$$\text{pour} \quad s = s'', \qquad \left\{\begin{aligned} \frac{\Theta}{s^2 - 4r} &= 0,06859\left\{\begin{smallmatrix}50\\13\end{smallmatrix}\right.,\\ \frac{\rho^2 + s\rho + r}{r} &= 5,732\left\{\begin{smallmatrix}499\\025\end{smallmatrix}\right.;\end{aligned}\right.$$

$$\text{pour} \quad s = s''', \qquad \left\{\begin{aligned} \frac{\Theta}{s^2 - 4r} &= 0,3615\left\{\begin{smallmatrix}60\\49\end{smallmatrix}\right.,\\ \frac{\rho^2 + s\rho + r}{r} &= 1,6865\left\{\begin{smallmatrix}82\\48\end{smallmatrix}\right..\end{aligned}\right.$$

De là il vient:

$$\text{pour} \quad s = s'', \qquad \frac{\rho^2 + s\rho + r}{r(s^2 - 4r)}\Theta = 0,393\left\{\begin{smallmatrix}221\\167\end{smallmatrix}\right.,$$

$$\text{pour} \quad s = s''', \qquad \frac{\rho^2 + s\rho + r}{r(s^2 - 4r)}\Theta = 0,609\left\{\begin{smallmatrix}801\\769\end{smallmatrix}\right.,$$

et, comme on a (n° 97)

$$(\rho + h)(\rho + 3h) = 0,7910\left\{\begin{smallmatrix}71\\54\end{smallmatrix}\right.,$$

la formule (12) donne

$$t_2'' = 0,397\left\{\begin{smallmatrix}91\\83\end{smallmatrix}\right., \qquad t_2''' = 0,181\left\{\begin{smallmatrix}31\\25\end{smallmatrix}\right..$$

99. Nous allons maintenant calculer l'expression

$$\frac{u_2}{t_2} = \frac{(\rho^2 + s\rho + r)N_1 - (2\rho + s)(\rho + h)N_2}{t_2} - \frac{9}{2}(l - s)(\rho + h)^2$$

pour les trois valeurs de s.

On trouve

$$\rho^2+\rho s'+r' = 0{,}0293\Big\{{}^{624}_{598}, \qquad 2\rho+s' = 0{,}3469\Big\{{}^{965}_{811},$$

$$\rho^2+\rho s''+r'' = 0{,}1689\Big\{{}^{175}_{093}, \qquad 2\rho+s'' = 1{,}1668\Big\{{}^{288}_{163},$$

$$\rho^2+\rho s'''+r''' = 0{,}4369\Big\{{}^{224}_{122}, \qquad 2\rho+s''' = 1{,}4510\Big\{{}^{211}_{080},$$

et, d'après ce que nous avons vu au n° 92, on a

$$N_1 = 0{,}2181\Big\{{}^{761}_{624}, \qquad (\rho+h)N_2 = 0{,}02267\Big\{{}^{79}_{54}.$$

De là on déduit successivement

$$\begin{array}{rl} (\rho^2+\rho s'+r')N_1 = & 0{,}00640\Big\{{}^{62}_{52} \\ (2\rho+s')(\rho+h)N_2 = & 0{,}00786\Big\{{}^{79}_{92} \\ \hline \text{différence} = & -0{,}00146\Big\{{}^{17}_{40}, \end{array}$$

$$\begin{array}{rl} (\rho^2+\rho s''+r'')N_1 = & 0{,}0368\Big\{{}^{538}_{496} \\ (2\rho+s'')(\rho+h)N_2 = & 0{,}0264\Big\{{}^{580}_{613} \\ \hline \text{différence} = & 0{,}0103\Big\{{}^{958}_{883}, \end{array}$$

$$\begin{array}{rl} (\rho^2+\rho s'''+r''')N_1 = & 0{,}0953\Big\{{}^{201}_{178} \\ (2\rho+s''')(\rho+h)N_2 = & 0{,}0329\Big\{{}^{021}_{062} \\ \hline \text{différence} = & 0{,}0624\Big\{{}^{240}_{116}; \end{array}$$

$$\frac{(\rho^2+\rho s'+r')N_1-(2\rho+s')(\rho+h)N_2}{t_2'} = -0{,}0026\Big\{{}^{99}_{85},$$

$$\frac{(\rho^2+\rho s''+r'')N_1-(2\rho+s'')(\rho+h)N_2}{t_2''} = 0{,}0261\Big\{{}^{32}_{07},$$

$$\frac{(\rho^2+\rho s'''+r''')N_1-(2\rho+s''')(\rho+h)N_2}{t_2'''} = 0{,}344\Big\{{}^{41}_{22}.$$

On trouve ensuite

$$(\rho + h)^2 = 0,314\left\{\begin{smallmatrix}2022\\1948\end{smallmatrix}\right.,$$

et la formule

$$\frac{9}{2}l = 3 + 4q - 2h$$

donne:

$$\text{pour} \quad q = 0,0769\,078, \qquad \frac{9}{2}l = 2,4569\,00\left\{\begin{smallmatrix}4\\2\end{smallmatrix}\right.,$$

$$\text{pour} \quad q = 0,0769\,131, \qquad \frac{9}{2}l = 2,4569\,17\left\{\begin{smallmatrix}8\\6\end{smallmatrix}\right..$$

De là on déduit les trois valeurs de $\frac{9}{2}(l - s)$, dont les limites coïncideront avec leurs valeurs pour les deux valeurs limites de q, puisque, d'après les nombres du n° 95, on a

$$\frac{d(l-s')}{dq} < 0, \qquad \frac{d(l-s'')}{dq} > 0, \qquad \frac{d(l-s''')}{dq} > 0.$$

De cette façon on trouve

$$\frac{9}{2}(l - s') = 2,1119\left\{\begin{smallmatrix}701\\685\end{smallmatrix}\right.,$$

$$\frac{9}{2}(l - s'') = -1,57728\left\{\begin{smallmatrix}84\\14\end{smallmatrix}\right.,$$

$$\frac{9}{2}(l - s''') = -2,8561\left\{\begin{smallmatrix}512\\467\end{smallmatrix}\right.$$

et ensuite,

$$\frac{9}{2}(l - s')(\rho + h)^2 = 0,6635\left\{\begin{smallmatrix}86\\66\end{smallmatrix}\right.,$$

$$\frac{9}{2}(l - s'')(\rho + h)^2 = -0,4955\left\{\begin{smallmatrix}88\\72\end{smallmatrix}\right.,$$

$$\frac{9}{2}(l - s''')(\rho + h)^2 = -0,897\left\{\begin{smallmatrix}41\\38\end{smallmatrix}\right..$$

On a donc

$$\frac{u_2'}{t_2'} = 0,660\left\{\begin{smallmatrix}901\\867\end{smallmatrix}\right., \qquad \frac{u_2''}{t_2''} = -0,4694\left\{\begin{smallmatrix}81\\40\end{smallmatrix}\right., \qquad \frac{u_2'''}{t_2'''} = -0,55\left\{\begin{smallmatrix}319\\297\end{smallmatrix}\right..$$

100. Calculons maintenant les trois valeurs de

$$\begin{aligned} v_2 = {} & \Theta\varphi_2 + h(\rho + h)(\rho + 1)(\rho + q)\,s\,(s\rho + 6r) \\ & - 2r\big[(\rho + 1 + q)s - 2r\big](\rho + h)^2(\rho + 3h), \end{aligned}$$

où

$$\varphi_2 = 2h(\rho + 1)(\rho + q) + \tfrac{1}{2}(\rho + h)\big[(7s - 6 - 8q)\rho + 7(r - q)\big].$$

En commençant par calculer les valeurs de φ_2, nous remarquons que, d'après les valeurs des dérivées données au n° 95, on a

$$7\frac{ds}{dq} - 8 < 0, \qquad \frac{dr}{dq} - 1 < 0,$$

pour chacune des trois valeurs de s. Par suite, les valeurs des expressions

$$7s - 6 - 8q \quad \text{et} \quad r - q$$

dans le cas qui nous intéresse seront comprises entre leurs valeurs pour les deux valeurs limites de q.

Tenant compte de cela, on trouve

$$\begin{aligned} 7s' - 6 - 8q &= -\,6{,}0787\left\{\begin{matrix}10\\04\end{matrix}\right., & 7(r' - q) &= -\,0{,}5332\left\{\begin{matrix}831\\466\end{matrix}\right., \\ 7s'' - 6 - 8q &= -\,0{,}3398\left\{\begin{matrix}84\\58\end{matrix}\right., & 7(r'' - q) &= -\,0{,}332\left\{\begin{matrix}1157\\0907\end{matrix}\right., \\ 7s''' - 6 - 8q &= \,1{,}6494\left\{\begin{matrix}85\\62\end{matrix}\right., & 7(r''' - q) &= \,1{,}2750\left\{\begin{matrix}398\\192\end{matrix}\right. \end{aligned}$$

et ensuite

$$\begin{aligned} \tfrac{1}{2}(\rho + h)\big[(7s' - 6 - 8q)\rho + 7(r' - q)\big] &= -\,0{,}3797\left\{\begin{matrix}482\\240\end{matrix}\right., \\ \tfrac{1}{2}(\rho + h)\big[(7s'' - 6 - 8q)\rho + 7(r'' - q)\big] &= -\,0{,}1059\left\{\begin{matrix}578\\479\end{matrix}\right., \\ \tfrac{1}{2}(\rho + h)\big[(7s''' - 6 - 8q)\rho + 7(r''' - q)\big] &= \,0{,}4198\left\{\begin{matrix}4271\\2850\end{matrix}\right.. \end{aligned}$$

Puis on trouve

$$2h(\rho + 1)(\rho + q) = 0{,}2048\left\{\begin{matrix}1473\\0290\end{matrix}\right.,$$

et de là il vient

$$\varphi_2' = -0,1749\{^{46}_{09}, \qquad \varphi_2'' = 0,0988\{^{67}_{45}, \qquad \varphi_2''' = 0,6246\{^{575}_{314}.$$

De ces valeurs de φ_2 et des valeurs de Θ, obtenues précédemment, on déduit

$$\Theta'\varphi_2' = -0,00000\,3\{^{21}_{16}, \qquad \Theta''\varphi_2'' = 0,0046\{^{5108}_{4982}, \qquad \Theta'''\varphi_2''' = 0,080\{^{8034}_{7982}.$$

D'autre part, on trouve

$$h(\rho+h)(\rho+1)(\rho+q)s'(\rho s'+6r') = 0,00006\,48\{^{04}_{46},$$

$$h(\rho+h)(\rho+1)(\rho+q)s''(\rho s''+6r'') = 0,01533\{^{478}_{285},$$

$$h(\rho+h)(\rho+1)(\rho+q)s'''(\rho s'''+6r''') = 0,1161\{^{624}_{528};$$

$$2r'[(\rho+1+q)s'-2r'](\rho+h)^2(\rho+3h) = 0,00005\,91\{^{93}_{76},$$

$$2r''[(\rho+1+q)s''-2r''](\rho+h)^2(\rho+3h) = 0,02685\{^{717}_{440},$$

$$2r'''[(\rho+1+q)s'''-2r'''](\rho+h)^2(\rho+3h) = 0,2097\{^{505}_{388},$$

où les trois derniers nombres sont obtenus en tenant compte de ce que l'expression

$$(1+q)s - 2r = h_1(1+q-h_2) + h_2(1+q-h_1)$$

est une fonction croissante de q pour chacune des trois déterminations de s.

Donc enfin il vient

$$v_2' = 0,00000\,2\{^{53}_{44}, \qquad v_2'' = -0,0068\{^{745}_{685}, \qquad v_2''' = -0,012\{^{800}_{773}.$$

101. De cette façon nous avons

$$v_2' > 0, \qquad v_2'' < 0, \qquad v_2''' < 0$$

et, d'après ce que nous avons trouvé au nº 99, on a

$$u_2' > 0, \qquad u_2'' < 0, \qquad u_2''' < 0.$$

Donc le produit $u_2 v_2$ sera positif pour chacune des trois valeurs de s et, par suite, d'après ce que nous avons remarqué au nº 89, les trois derniers termes de la formule (1) seront positifs.

Des calculs assez grossiers suffisent pour montrer que, de ces trois termes, les deux premiers, $G_2 \Phi_2'$ et $G_2 \Phi_2''$, ont des valeurs très petites, et que le troisième terme, $G_2 \Phi_2'''$, seul peut avoir une influence sensible sur le résultat. C'est donc seulement pour ce terme-là qu'il faudra faire un calcul détaillé.

Nous allons calculer le rapport de ce terme à G_1, c'est-à-dire, l'expression

$$\frac{G_2}{G_1} \Phi_2'''.$$

On a ici

$$\frac{G_2}{G_1} = \frac{7qh}{3(h-q)(5h-1-2q)},$$

ce qui donne

$$\frac{G_2}{G_1} = 0,2251 \left\{ \begin{matrix} 533 \\ 339 \end{matrix} \right. .$$

Quant à Φ_2''', nous avons

$$\Phi_2''' = \Omega_2''' \frac{u_2''' v_2'''}{t_2'''}.$$

Il ne reste donc à calculer que Ω_2''', ce de quoi nous allons nous occuper à présent.

102. On a

$$\Omega_2 = \frac{20r - (1+q)s}{\delta(2r-hs)^2},$$

où

$$\delta = 12(1-q+q^2)\left(\frac{r}{q}-1\right) + 7(1+q)s - 4q.$$

Commençons donc par calculer, dans l'hypothèse $s = s'''$, les expressions

$$20r - (1+q)s, \qquad \delta, \qquad (2r-hs)^2.$$

Nous ferons un calcul à part pour chacune des deux valeurs limites de q. Nous obtiendros alors les nombres qui sont groupés dans le Tableau suivant, où par s et r on doit entendre s'''' et r'''':

	$q = 0{,}0769\,078$	$q = 0{,}0769\,131$
$20r - (1+q)s$	$3{,}90964\left\{{}^{52}_{49}\right.$	$3{,}90968\,3\left\{{}^{6}_{3}\right.$
$1 - q + q^2$	$0{,}92900\,70\left\{{}^{1}_{0}\right.$	$0{,}92900\,25\left\{{}^{3}_{2}\right.$
$\frac{r}{q} - 1$	$2{,}36840\,1\left\{{}^{26}_{12}\right.$	$2{,}36820\,0\left\{{}^{22}_{08}\right.$
$7(1+q)s - 4q$	$8{,}59273\,8\left\{{}^{9}_{7}\right.$	$8{,}59278\,3\left\{{}^{7}_{5}\right.$
δ	$34{,}99587\left\{{}^{6}_{3}\right.$	$34{,}9935\left\{{}^{52}_{49}\right.$
$(2r - hs)^2$	$0{,}00025\,258\left\{{}^{97}_{45}\right.$	$0{,}00025\,26\left\{{}^{304}_{255}\right.$
$\delta(2r - hs)^2$	$0{,}00883\,9\left\{{}^{6}_{4}\right.$	$0{,}00884\,0\left\{{}^{486}_{262}\right.$.

Ces nombres donnent des limites des expressions placées à gauche, puisque les dérivées de ces expressions par rapport à q ne s'annulent pas dans les limites considérées de q, comme le montrent les nombres du n° 95.

On trouve d'ailleurs

$$\frac{d[20r - (1+q)s]}{dq} = 7{,}23\left\{{}^{8}_{3}\right., \qquad \frac{d\delta}{dq} = -43\left\{{}^{9}_{8}\right., \qquad \frac{d(2r - hs)}{dq} = 0{,}2\left\{{}^{401}_{392}\right.,$$

et, comme on a

$$20r - (1+q)s = 3{,}9\left\{{}^{10}_{09}\right., \qquad \delta = 3\left\{{}^{5}_{4}\right., \qquad 2r - hs = 0{,}015\left\{{}^{9}_{8}\right.,$$

on en déduit

$$\frac{d\log\Omega_2}{dq} = \frac{723\left\{{}^{8}_{3}\right.}{39\left\{{}^{09}_{10}\right.} + \frac{43\left\{{}^{9}_{8}\right.}{3\left\{{}^{4}_{5}\right.} - \frac{4\left\{{}^{784}_{802}\right.}{15\left\{{}^{9}_{8}\right.}$$

$$< 2 + 13 - 30 < 0.$$

On pourra donc prendre, pour les limites de Ω_2, les valeurs de Ω_2 pour les deux valeurs limites de q.

Ayant égard à cela, on trouve, d'après le Tableau précédent,

$$\Omega_2 = 442,\left\{\begin{matrix}30\\25\end{matrix}\right..$$

103. Nous avons trouvé aux nos 99 et 100

$$\frac{u_2'''}{t_2'''} = -0,55\left\{\begin{matrix}319\\297\end{matrix}\right., \qquad v_2''' = -0,012\left\{\begin{matrix}800\\773\end{matrix}\right.$$

et nous venons de trouver

$$\Omega_2''' = 442,\left\{\begin{matrix}30\\25\end{matrix}\right..$$

De là on déduit

$$\Phi_2''' = 3,1\left\{\begin{matrix}319\\236\end{matrix}\right.$$

et ensuite (no 101),

$$\frac{G_2}{G_1}\Phi_2''' = 0,70\left\{\begin{matrix}516\\322\end{matrix}\right..$$

Or nous avons trouvé au no 93

$$\Phi_1'' = -0,678\left\{\begin{matrix}45\\24\end{matrix}\right..$$

Il vient donc

$$\Phi_1'' + \frac{G_2}{G_1}\Phi_2''' = 0,02\left\{\begin{matrix}692\\477\end{matrix}\right..$$

Cela posé, reportons-nous à la formule (1).

Comme tous les termes, à l'exception du troisième, y sont positifs, cette formule conduit à l'inégalité

$$\mathbf{A} > G_1\Phi_1'' + G_2\Phi_2'''.$$

Donc, G_1 étant un nombre positif, on doit conclure que $\mathbf{A}$ est un nombre positif.

De cette façon on arrive à la conclusion que A_3 *est nombre positif.*

104. On voit que, pour établir l'inégalité

$$A_3 > 0,$$

il suffit de calculer deux termes de la formule (1): le troisième et le sixième.

Mais nous avons calculé tous les termes de cette formule, puisque c'est seulement après avoir achevé le calcul que nous avons constaté la possibilité de la simplification qui vient d'être indiquée.

Voici le résultat de ce calcul:

$$G_0 = 0,0327\left\{{}^{76}_{03}\right.,$$

$$G_1\Phi_1' = 0,00030\left\{{}^{5}_{1}\right.,$$

$$G_1\Phi_1'' = -0,051\left\{{}^{412}_{394}\right.,$$

$$G_2\Phi_2' = 0,0000002\left\{{}^{2}_{0}\right.,$$

$$G_2\Phi_2'' = 0,00046\left\{{}^{8}_{6}\right.,$$

$$G_2\Phi_2''' = 0,053\left\{{}^{436}_{287}\right..$$

Ces nombres font voir que le dernier terme est le seul qui rend le résultat positif, car la somme des cinq premiers termes a une valeur négative.

Remarquons que, partant des inégalités

$$0,637 < \frac{\rho}{\rho+q} < 0,638,$$

$$0,119 < \frac{\rho}{\rho+1} < 0,120$$

(nº 13), comme nous l'avons fait auparavant, on ne pourrait établir l'inégalité $\mathbf{A} > 0$ qu'en calculant *tous les termes* de la formule (1). D'ailleurs, pour ce qui concerne la valeur de $\mathbf{A}$, on ne pourrait arriver qu'à un résultat très peu satisfaisant. En effet, le résultat que nous avons obtenu primitivement, et qui était fondé sur les inégalités ci-dessus, se réduisait aux inégalités suivantes:

$$\mathbf{A} > 0,005 \quad \text{et} \quad \mathbf{A} < 0,074.$$

A présent, d'après les nombres que nous venons de signaler, nous parvenons au résultat que voici:

$$\mathbf{A} = 0,035\left\{{}^{6}_{3}\right..$$

Conclusions.

105. Considérons, d'une manière générale, un ellipsoïde singulier défini par l'équation

$$T_m = 0,$$

m étant un nombre impair plus grand que 1 et d'ailleurs quelconque, et supposons que la constante A_3 qui correspond à cet ellipsoïde soit différente de zéro et positive, comme cela a lieu, d'après ce que nous venons de voir, dans le cas de $m = 3$.

Voyons ce qu'on peut conclure alors au sujet des figures d'équilibre non ellipsoïdales qui dérivent de cet ellipsoïde.

D'après ce que nous avons montré dans la première Partie (n°s 76 — 79), l'accroissement η de la quantité

$$\Omega = \frac{\omega^2}{2\pi f k}$$

(**I**, n° 1), dans le passage de l'ellipsoïde singulier à une figure d'équilibre non ellipsoïdale qui en diffère suffisamment peu, s'exprimera par une série de la forme

$$\eta = \eta_2 \alpha^2 + \eta_4 \alpha^4 + \eta_6 \alpha^6 + \dots, \tag{1}$$

procédant suivant les puissances paires d'un paramètre auxiliaire α, pour lequel nous avons pris l'expression

$$\alpha = \frac{1}{\gamma} \int (\rho + \mu^2)(\rho + \nu^2) \zeta \, E(\mu) \, E(\nu) \, d\sigma,$$

et qui peut avoir une valeur réelle quelconque, suffisamment petite en valeur absolue.

Quant à la fonction ζ, dont dépendent les équations

$$x = \sqrt{\rho + 1 + \zeta} \, \frac{\sqrt{(1-\mu^2)(1-\nu^2)}}{\sqrt{1-q}},$$

$$y = \sqrt{\rho + q + \zeta} \, \frac{\sqrt{(q-\mu^2)(\nu^2-q)}}{\sqrt{q(1-q)}},$$

$$z = \sqrt{\rho + \zeta} \, \frac{\mu\nu}{\sqrt{q}}$$

de la surface de la figure d'équilibre, nous l'avons cherchée sous la forme d'une série entière en α et η,

$$\zeta = \sum \zeta_{rs} \alpha^r \eta^s,$$

où, après avoir déterminé les fonctions ζ_{rs}, on doit substituer l'expression précédente de η.

De cette façon, en définitive, la fonction ζ s'exprimera par une série de la forme

$$(2) \qquad \zeta = \zeta_1 \alpha + \zeta_2 \alpha^2 + \zeta_3 \alpha^3 + \cdots,$$

où l'on aura $\zeta_1 = \zeta_{10}$.

Dans le cas considéré la figure d'équilibre aura deux plans de symétrie, l'un perpendiculaire à l'axe de rotation, l'autre passant par cet axe, et l'on suppose ici que ces plans coïncident avec les plans coordonnés des xy et des xz. Nous supposons d'ailleurs que le volume de la figure d'équilibre soit égal au volume de l'ellipsoïde singulier, quel que soit α.

Dans ces hypothèses, tous les coefficients de la série (2) seront des fonctions parfaitement déterminées de μ et ν, et l'on aura en particulier

$$\zeta_1 = \frac{E(\mu)E(\nu)}{(\rho + \mu^2)(\rho + \nu^2)}.$$

Maintenant reportons-nous à l'équation (1) et supposons qu'on la résolve par rapport à α.

On aura dans cette équation

$$\eta_2 = -\frac{A_3}{B}$$

et, comme A_3 par hypothèse n'est pas nul, η_2 ne le sera pas non plus.

Par suite, $|\eta|$ et $|\alpha|$ étant assez petits, cette équation donnera pour α une expression sous forme d'une série procédant suivant les puissances entières et positives de $\sqrt{\eta}$, où le terme du plus bas degré sera $\sqrt{\frac{\eta}{\eta_2}}$.

En substituant cette série dans la formule (2), on pourra présenter la fonction ζ sous la forme d'une série procédant suivant les puissances entières et positives de $\sqrt{\eta}$, et, dans cette dernière série, le terme du plus bas degré sera

$$\zeta_1 \sqrt{\frac{\eta}{\eta_2}}.$$

De cette façon la fonction ζ sera de l'ordre de $\sqrt{\eta}$, et approximativement, quand η est très petit, pourra être représentée par la formule

$$\zeta = \frac{E(\mu)E(\nu)}{(\rho+\mu^2)(\rho+\nu^2)}\sqrt{\frac{\eta}{\eta_2}},$$

ce qui, dans le cas de $m=3$, se réduit à

$$\zeta = \frac{\sqrt{(1-\mu^2)(1-\nu^2)(h-\mu^2)(h-\nu^2)}}{(\rho+\mu^2)(\rho+\nu^2)}\sqrt{\frac{\eta}{\eta_2}}.$$

On voit qu'il y aura deux expressions pour ζ, dont l'une se déduit de l'autre en changeant le signe de $\sqrt{\eta}$. Mais nous savons déjà (**1**, n° 79) que ces deux expressions conduisent à une seule et même figure d'équilibre, placée de deux manières différentes.

On voit ensuite que les figures d'équilibre en question n'existent que si η a le signe de η_2. Voyons donc quel est ce signe.

On a

$$B = -\frac{2}{\Delta}\frac{dT_m}{d\Omega},$$

où la dérivée doit être formée en considérant ρ et q comme fonctions de Ω d'après les équations qui définissent les ellipsoïdes de Jacobi (**1**, n° 75).

Or, d'après ce que nous avons vu dans la première Partie (n° 44), cette dérivée, dans l'hypothèse $T_m=0$, a toujours une valeur positive.

Donc B sera toujours négatif, et, par suite, A_3 étant par hypothèse positif, on aura $\eta_2>0$.

Ainsi les figures d'équilibre dont il s'agit n'existeront que pour des valeurs positives de η.

En nous reportant au cas de $m=3$, où l'on a sûrement $A_3>0$, nous pouvons donc conclure que, *pour passer de l'ellipsoïde singulier à la série des figures d'équilibre pyriformes, on doit augmenter la vitesse angulaire.*

106. Nous allons maintenant examiner comment varient le moment d'inertie par rapport à l'axe de rotation et le moment des quantités de mouvement; quand on passe de l'ellipsoïde singulier aux figures d'équilibre non ellipsoïdales qui en dérivent.

Dans la deuxième Partie (n°s 30 et 31) nous avons examiné cette question pour les figures d'équilibre dérivées des ellipsoïdes de Maclaurin, et les formules dont nous avons parti pour cela étaient tout à fait générales, de sorte que nous pouvons nous en servir aussi dans le cas actuel. Reproduisons donc ces formules.

Soient:

E_0 l'ellipsoïde singulier qu'on considère;
Ω_0 la valeur de Ω qui lui correspond;
F une figure d'équilibre non ellipsoïdale, peu différente de l'ellipsoïde E_0;
$\Omega_0 + \eta$ la valeur de Ω qui correspond à cette figure;
E_η l'ellipsoïde de Jacobi correspondant à $\Omega = \Omega_0 + \eta$;
S, S_η, S_0 les moments d'inertie respectivement des figures F, E_η, E_0.

On suppose que ces trois figures soient de même volume.

Alors S_η sera une fonction parfaitement déterminée de η, qui se réduira à S_0 pour $\eta = 0$, et nous poserons

$$\left(\frac{dS_\eta}{d\eta}\right)_{\eta=0} = S_0'.$$

De même S sera une fonction déterminée de η se réduisant à S_0 pour $\eta = 0$.

On pourra aussi considérer S et S_η comme fonctions de α, et ces fonctions, $|\alpha|$ étant assez petit, seront développables suivant les puissances entières et positives de α^2.

Cela posé, et ne considérant dans les développements des différences $S - S_\eta$ et $S - S_0$ que les termes du plus bas degré, nous aurons, d'après ce que nous avons vu dans la deuxième Partie (n° 30),

$$S - S_\eta = \frac{\Upsilon}{4\Delta} B\alpha^2 + \dots,$$

$$S - S_0 = \left(S_0'\eta_2 + \frac{\Upsilon}{4\Delta} B\right)\alpha^2 + \dots.$$

On a ici $B < 0$ et, comme on sait, $S_0' < 0$. D'ailleurs, dans l'hypothèse $A_3 > 0$, on a $\eta_2 > 0$.

Par suite, $|\alpha|$ étant assez petit, il vient

$$S - S_\eta < 0 \quad \text{et} \quad S - S_0 < 0.$$

Donc le moment d'inertie de la figure F sera plus petit que les moments d'inertie des ellipsoïdes E_η et E_0.

Et quant au moment des quantités de mouvement, on parviendra à une conclusion toute semblable.

En effet, soit M le carré de ce moment divisé par $2\pi fk$, en sorte qu'on aura

$$M = \Omega S^2,$$

et soit M_η la valeur de M pour l'ellipsoïde E_η.

Nous aurons

$$M_\eta = (\Omega_0 + \eta) S_\eta^2,$$

et, pour la figure F, il viendra

$$M - M_\eta = \frac{\gamma}{2\Delta} \Omega_0 S_0 B \alpha^2 + \cdots,$$

$$M - M_0 = \left(M_0' \eta_2 + \frac{\gamma}{2\Delta} \Omega_0 S_0 B\right) \alpha^2 + \cdots,$$

ne considérant, comme plus haut, que les termes du plus bas degré dans les développements suivant les puissances de α.

On a ici

$$M_0' = \left(\frac{dM_\eta}{d\eta}\right)_{\eta=0},$$

et l'on sait que c'est toujours une quantité négative.

Par suite, pour de petites valeurs de $|\alpha|$, on aura

$$M - M_\eta < 0, \qquad M - M_0 < 0.$$

Donc le moment des quantités de mouvement pour la figure F sera plus petit que pour les ellipsoïdes E_η et E_0.

Ajoutons que les différences

$$S - S_\eta, \qquad S - S_0, \qquad M - M_\eta, \qquad M - M_0$$

seront de l'ordre de η ou, ce qui revient au même, de l'ordre de l'accroissement que reçoit la vitesse angulaire dans le passage de l'ellipsoïde singulier à la figure F.

107. En terminant, signalons quelques conclusions sur la stabilité.

On sait que, en admettant le principe de minimum de l'énergie, on doit conclure que les ellipsoïdes de Jacobi, qui sont moins allongés que l'ellipsoïde singulier correspondant à $m=3$, sont stables, et que, si le liquide considéré est visqueux, les ellipsoïdes plus allongés sont instables. Quant à l'ellipsoïde singulier lui-même et aux figures pyriformes qui en dérivent, la question dépend du signe de l'accroissement que reçoit le moment des quantités de mouvement dans le passage de l'ellipsoïde à ces figures, et il y aura stabilité ou l'instabilité, selon que cet accroissement est positif ou négatif *).

Or, d'après ce que nous venons de voir, *le moment des quantités de mouvement diminue quand on passe de l'ellipsoïde singulier aux figures pyriformes.*

Il faut donc conclure que *l'ellipsoïde singulier correspondant à $m=3$ ainsi que les figures pyriformes qui en diffèrent suffisamment peu sont instables.*

Remarquons toutefois que ces conclusions sur la stabilité ne doivent pas être regardées comme bien établies, puisque, dans le cas d'un liquide, le principe de minimum de l'énergie n'a jamais été démontré d'une manière quelque peu satisfaisante.

---

*) *Problème de minimum dans une question de stabilité des figures d'équilibre d'une masse fluide en rotation* (Mémoires de l'Académie Impériale des Sciences de St.-Pétersbourg, VIIIe série, Vol. XXII, № 5).

TABLES NUMÉRIQUES AUXILIAIRES.

TABLE I

se rapportant au n° 15 et contenant les valeurs des a_n pour deux valeurs limites de ρ relatives au cas de $m = 3$.

TABLE II

se rapportant au n° 15 et contenant les valeurs de c et des l_n pour deux valeurs limites de ρ relatives au cas de $m = 3$.

TABLE III

se rapportant au n° 17 et contenant les valeurs des a_n pour deux valeurs limites de ρ relatives au cas de $m = 4$.

TABLE IV

se rapportant au n° 17 et contenant les valeurs de c et des l_n pour deux valeurs limites de ρ relatives au cas de $m = 4$.

TABLE I.

	$\rho = 0,135170$	$\rho = 0,135165$
a_0	0, 44330 23523 3836	0, 44330 34733 3423
a_1	0, 20445 07365 6254	0, 20445 15588 1414
a_2	0, 12788 94766 9971	0, 12789 01284 3897
a_3	0, 09091 70117 325	0, 09091 75513 370
a_4	0, 06942 17676 412	0, 06942 22272 933
a_5	0, 05550 05319 008	0, 05550 09314 527
a_6	0, 04582 02696 820	0, 04582 06223 291
a_7	0, 03873 99983 322	0, 03874 03133 276
a_8	0, 03336 15035 506	0, 03336 17876 501
a_9	0, 02915 35199 788	0, 02915 37782 737
a_{10}	0, 02578 26137 55	0, 02578 28501 82
a_{11}	0, 02302 94502 28	0, 02302 96678 93
a_{12}	0, 02074 41380 08	0, 02074 43394 08
a_{13}	0, 01882 09496 66	0, 01882 11368 40
a_{14}	0, 01718 32928 28	0, 01718 34674 58
a_{15}	0, 01577 44011 87	0, 01577 45646 81
a_{16}	0, 01455 13638 85	0, 01455 15174 31
a_{17}	0, 01348 11793 13	0, 01348 13239 24
a_{18}	0, 01253 80778 59	0, 01253 82144 03
a_{19}	0, 01170 16633 28	0, 01170 17925 58
a_{20}	0, 01095 55961 73	0, 01095 57187 43
a_{21}	0, 01028 66434 86	0, 01028 67599 69
a_{22}	0, 00968 39823 09	0, 00968 40932 09
a_{23}	0, 00913 86811 55	0, 00913 87869 18
a_{24}	0, 00864 33089 36	0, 00864 34099 60

TABLE II.

	$\rho = 0,135170$	$\rho = 0,135165$
c	0, 06880 17584 266	0, 06880 07114 119
l_0	0, 12875 16074 847	0, 12875 33618 800
l_1	0, 07788 85187 77	0, 07788 96785 16
l_2	0, 05227 88580 43	0, 05227 97239 47
l_3	0, 03768 40623 38	0, 03768 47448 54
l_4	0, 02852 56639 13	0, 02852 62201 45
l_5	0, 02237 28172 64	0, 02237 32813 50
l_6	0, 01802 61668 26	0, 01802 65609 64
l_7	0, 01483 50476 95	0, 01483 53871 58
l_8	0, 01241 99065 24	0, 01242 02022 68
l_9	0, 01054 63817 60	0, 01054 66418 98
l_{10}	0, 00906 29957 96	0, 00906 32264 89
l_{11}	0, 00786 80988 95	0, 00786 83049 24
l_{12}	0, 00689 13051 60	0, 00689 14903 02
l_{13}	0, 00608 25621 70	0, 00608 27294 52
l_{14}	0, 00540 54530 82	0, 00540 56049 65
l_{15}	0, 00483 29496 76	0, 00483 30881 80
l_{16}	0, 00434 46386 6	0, 00434 47654 6
l_{17}	0, 00392 48627 3	0, 00392 49792 4
l_{18}	0, 00356 14459 9	0, 00356 15533 9
l_{19}	0, 00324 48021 2	0, 00324 49014 3
l_{20}	0, 00296 72990 1	0, 00296 73910 9
l_{21}	0, 00272 27985 4	0, 00272 28841 4
l_{22}	0, 00250 63184 3	0, 00250 63981 9
l_{23}	0, 00231 37802 5	0, 00231 38547 3

TABLE III.

	$\rho = 0,0710$	$\rho = 0,0709$
a_0	0, 46081 10736 460	0, 46084 47695 620
a_1	0, 21759 92633 177	0, 21762 51901 835
a_2	0, 13849 74208 782	0, 13851 87206 567
a_3	0, 09982 58780 828	0, 09984 40280 340
a_4	0, 07710 18358 856	0, 07711 76735 125
a_5	0, 06224 54273 438	0, 06225 94822 375
a_6	0, 05182 72945 25	0, 05183 99266 31
a_7	0, 04414 88801 97	0, 04416 03470 81
a_8	0, 03827 51894 78	0, 03828 56827 18
a_9	0, 03365 02420 37	0, 03365 99085 01
a_{10}	0, 02992 33222 55	0, 02993 22773 00
a_{11}	0, 02686 26158 34	0, 02687 09518 96
a_{12}	0, 02430 89763 1	0, 02431 67687 1
a_{13}	0, 02214 96570 9	0, 02215 69680 8
a_{14}	0, 02030 26395 5	0, 02030 95212 1

TABLE IV.

	$\rho = 0,0710$	$\rho = 0,0709$
c	0,05122 50940 214	0,05118 87783 901
l_0	0,15848 04713 156	0,15854 25349 93
l_1	0,09802 55451 19	0,09806 85960 72
l_2	0,06763 91013 09	0,06767 26240 29
l_3	0,05001 94513 1	0,05004 68567 0
l_4	0,03874 61221 0	0,03876 91868 2
l_5	0,03102 72509 8	0,03104 70554 7
l_6	0,02547 53024 6	0,02549 25638 3
l_7	0,02132 98340 0	0,02134 50563 8
l_8	0,01814 22825 1	0,01815 58352 2
l_9	0,01563 24971 9	0,01564 46594 6
l_{10}	0,01361 73383 7	0,01362 83266
l_{11}	0,01197 25330	0,01198 25183
l_{12}	0,01061 10908	0,01062 02110
l_{13}	0,00947 04968	0,00947 88642

ERRATA

DE LA DEUXIÈME PARTIE.

Page	Ligne	*Au lieu de:*	*Lisez:*
63	11 (en remontant)	$x=1$	$x=1,$
81	11 (en remontant)	d'écroît,	décroît,
95	11	$i+j>1$	$i+j\geqq 1$
141	12 (en remontant)	$\zeta_{rs}=\frac{1}{1.2\ldots s}\frac{d^s\zeta_{r0}}{d^s\Omega},$	$\zeta_{rs}=\frac{1}{1.2\ldots s}\frac{d^s\zeta_{r0}}{d\Omega^s},$
144	12 (en remontant)	ζ_{02}	ζ_{20}
150	12	les plans coordonnés	les plans coordonnés des xy et des xz
199	7	$\Omega_{21}=\frac{\varphi_1'(u)}{\rho+u},$	$\Omega_{21}=\frac{\varphi_1''(u)}{\rho+u},$
201	2	$\int W_{r0}\,Y\,d\sigma,$	$\int W_{n+10}\,Y\,d\sigma,$

Цѣна: 3 руб.; Prix: 7 Mrk.

Продается у коммиссіонеровъ Императорской Академіи Наукъ:

И. И. Глазунова и К. Л. Риккера въ С.-Петербургѣ, Н. П. Карбасникова въ С.-Петерб., Москвѣ, Варшавѣ и Вильнѣ, Н. Я. Оглоблина въ С.-Петербургѣ и Кіевѣ, Н. Киммеля въ Ригѣ, Фоссъ (Г. В. Зоргенфрей) въ Лейпцигѣ, Люзакъ и Комп. въ Лондонѣ.

Commissionnaires de l'Académie Impériale des Sciences:

J. Glasounof et C. Ricker à St.-Pétersbourg, N. Karbasnikof à St.-Pétersbourg, Moscou, Varsovie et Vilna, N. Ogobline à St.-Pétersbourg et Kief, N. Kymmel à Riga, Voss' Sortiment (G. W. Sorgenfrey) à Leipsic, Luzac & Cie à Londres.

www.ingramcontent.com/pod-product-compliance
Ingram Content Group UK Ltd.
Pitfield, Milton Keynes, MK11 3LW, UK
UKHW020118200726
13856UKWH00002B/609